ARITHMÉTIQUE DÉCIMALE

DU

PÈRE DE FAMILLE.

L'ARITHMÉTIQUE DÉCIMALE

DU
PÈRE DE FAMILLE,

OU

PETITES CONFÉRENCES D'ARITHMÉTIQUE,

A L'USAGE DE TOUS LES ENFANTS,

PAR

T. BLANCHARD,

Élève de l'ancienne Ecole Normale, Licencié ès-sciences, Professeur de Mathématiques Elémentaires au Lycée de Clermont, Officier de l'Université, Membre de l'Académie des sciences de Clermont, de Dijon, et de plusieurs autres Sociétés savantes.

Adoptée par l'Université.

TROISIÈME ÉDITION, REVUE ET CORRIGÉE.

CLERMONT-FERRAND,

IMPRIMERIE DE THIBAUD-LANDRIOT FRERES,

Libraires, rue Saint-Genès, 10.

1851.

Tout Exemplaire, non revêtu des signatures de l'Auteur
et des Éditeurs, sera réputé contrefait.

SIGNES et ABRÉVIATIONS.

$+$ plus.
$-$ moins.
$=$ égale.
$\times$ ou $.$ multiplié par
$-$ ou $:$ ou $/$ divisé par.
$:$ est à $\rbrace$ dans les
$::$ comme $\rbrace$ Proportions.

0/0   pour 100.
Ex.   Exemple.
n°   Numéro.
etc.   *et cætera.*
$\Rightarrow$ sens d'une direction qui du reste peut varier.
signe de rappel.

signe pour rappeler un renversement particulier.

AVERTISSEMENT.

MM. les Instituteurs pourront, à leur gré, passer
d'abord, et reprendre plus tard, les Articles imprimés
en petit caractère.

PRÉFACE.

Laissez venir à moi les petits enfants!

Telles furent les douces paroles de Notre-Seigneur, quand il voulut bénir les tendres agneaux, dont il aimait à se nommer le Bon Pasteur. Et quand ce divin Maître enseignait au Peuple sa sublime morale, c'était toujours dans le plus simple langage et avec les comparaisons les plus populaires. Aussi vais-je tâcher de suivre un si digne modèle, en apprenant à *compter* même aux petits Enfants. — Mais qu'on ne s'effraie point, si j'ai l'air de glisser de la Religion entre des chiffres: la Piété solide est sœur de la Science.. Le grand Mathématicien *Newton* se découvrait toujours avec respect en entendant prononcer le nom de la Divinité, et jamais il ne manqua de lui rapporter l'honneur de ses sublimes découvertes. La belle *Hypathia*, toujours sage et pieuse, et qui fut dès sa jeunesse une célèbre mathématicienne, n'en resta pas moins toute sa vie un trésor de vertus, de talents et de grâces. Enfin, notre *Pascal*, qui dès son enfance devina les Mathématiques, fut toujours un modèle de piété profonde et un puits de science. — Ainsi, qu'on se rassure! En causant de calcul avec des Enfants, sur un ton paternel plutôt que doctoral, si mon petit livre d'Arithmétique toute populaire n'en fait pas des savants, du moins il n'en fera pas des impies ni des dissipateurs. Et je m'estimerai bien heureux, si, en exerçant l'intelligence que Dieu leur a donnée, il les prépare indirectement à suivre toujours les sages avis de leurs parents et de leurs instituteurs; et surtout à chérir les leçons du Bon-Pasteur, qui est à la fois le meilleur des Maîtres et le plus tendre des Pères de famille.

TABLEAU

DES

Chiffres romains avec les Chiffres arabes.

Les lettres	I	V	X	L	C	D	M
signifient	1	5	10	50	100	500	1000
ou	un	cinq	dix	cinquante	cent	cinq cents	mille

Les dix premiers nombres s'écrivent ainsi :

un	deux	trois	quatre	cinq	six	sept	huit	neuf	dix
I	II	III	IV	V	VI	VII	VIII	IX	X
1	2	3	4	5	6	7	8	9	10

VOICI LE TABLEAU DES NOMBRES DEPUIS *dix* :

onze	11	XI	dix	10	X
douze	12	XII	vingt	20	XX
treize	13	XIII	trente	30	XXX
quatorze	14	XIV	quarante	40	XL
quinze	15	XV	cinquante	50	L
seize	16	XVI	soixante	60	LX
dix-sept	17	XVII	soixante-dix	70	LXX
dix-huit	18	XVIII	quatre-vingts	80	LXXX
dix-neuf	19	XIX	quatre-vingt-dix	90	XC
vingt	20	XX	cent	100	C

100	200	300	400	500	600	700	800	900	1000
C	CC	CCC	CD	D	DC	DCC	DCCC	CM	M

Autrefois	IƆ	CIƆ	CCIƆƆ	CCCIƆƆƆ	V̄	X̄	M̄
signifiaient	500	1000	10000	100000	5000	10000	million.

CIƆIƆCCCXLIV $=$ MDCCCXLIV $=$ 1844.

Tableau du Système métrique.

Myria	Kilo	Hecto	Déca	UNITÉ.	déci	centi	milli
10000	1000	100	10	1	0,1	0,01	0,001
M. m.	K. m.	H. m.	D. m.	MÈTRE.	d. m.	c. m.	m. m.
M. a.	. . . .	H. a.	. . . .	ARE.	. . .	c. a.	. . .
. . . .	. . . .	. . .	D. s.	STÈRE.	d. s.	. . .	. . .
. . . .	K. l.	H. l.	D. l.	LITRE.	d. l.	c. l.	. . .
M. g.	K. g.	H. g.	D. g.	GRAM.	d. g.	c. g.	m. g.
. . . .	. . . .	. . .	, . . ,	FRANC.	d.	c.	. . .

Le QUINTAL pèse 100 Kilog., et non pas 50; et le MILLIER, ou *Tonneau* de mer, pèse 1000 Kilog., ou 10 Quintaux.	La LOI permet d'employer le *Double* et la *Moitié* des principales Unités de mesure de Poids et de Capacité.

ANCIENNES MESURES

de TEMPS, ou de Durée.	d'ARCS, ou d'Angles.
Le SIÈCLE contient 100 Ans, ou Années ordinaires. L'*Année* civile, ou commune, se compose de 365 jours; l'*Année bissextile* en a 366. Le *Jour* est de 24 heures; l'*Heure* est de 60 minutes; la *Minute* est de 60 secondes; et ainsi de suite.	Le CERCLE se divise en 4 Quarts ou Quadrants égaux, ou en 360 parties égales, qu'on appelle degrés. Le Quadrant, ou bien l'*Angle droit*, se divise en 90 degrés; le *Degré* en 60 minutes; la *Minute* en 60 secondes; et ainsi de suite.

TABLE DES MATIÈRES.

FIN DE LA TABLE.

L'ARITHMÉTIQUE DÉCIMALE

DU

PÈRE DE FAMILLE.

PREMIÈRE CONFÉRENCE.

INTRODUCTION.

Mes Enfants, voulez-vous que je vous apprenne **l'Arithmétique?** Elle est nécessaire à tout le monde pour savoir *compter.* — *Mais, Papa, nous savons bien déjà compter, il me semble ; cela s'apprend tout seul. Tiens, écoute : Un, deux, trois, quatre, cinq, six..., dix, vingt, trente, quarante..., cent, mille, million...* — C'est bien ; mais savez-vous ce que c'est que *mille et million.* — *Oh! non.* — Et *quarante?* — *Non plus.* — Et *dix*, seulement? — *Ah! oui ; c'est comme quand on dit : J'ai dix doigts, Adolphe a dix ans ; c'est bien aisé à comprendre.* — A quoi cela sert-il de savoir compter? — *Papa, cela sert à dire, par exemple, combien il y a d'enfants dans une maison ; combien il y a de carreaux à une fenêtre ; combien il y a de francs dans une bourse ; combien on me donne de cerises à goûter ; combien Léonie a de poupées ; enfin cela sert à compter toutes sortes de choses.* — Bien. Et quand on veut *compter* les pages d'un livre? — *Papa, c'est marqué avec des petites affaires qu'on appelle des chiffres ; mais je ne les connais pas bien.* — Peut-on *compter* la longueur d'une route, et la grosseur d'une citrouille, et la hauteur d'une montagne? — *Oh! non, Papa ; il faut la mesurer avec un fil ou avec un bâton.* — Peut-on *compter* le poids d'un pain, ou d'un gigot, ou d'un cochon? — *Non, il faut le peser avec des balances.* — Et les grains d'un tas de blé, peut-on les *compter?* — *Peut-être bien ; mais ça doit être bien long.* — Et les feuilles des arbres, et les étoiles du ciel? — *Oh! mon Dieu! qu'il y en a! Le sais-tu, toi, Papa?* — Non, mes

Enfants. — *Et Maman, le sait-elle?* — Non, non plus; personne ne le sait. Il n'y a que le bon Dieu qui le sache. C'est **lui** qui a tout fait dans le monde; **il** a tout *compté,* tout *pesé,* tout *mesuré : les cheveux même de votre tête sont comptés,* dit le Seigneur. C'est aussi Dieu qui veut bien nous donner l'intelligence nécessaire pour comprendre toutes les principales choses dont nous avons besoin; alors il faut bien tâcher d'exercer notre intelligence, pour servir à sa gloire et à notre bonheur.

DEUXIÈME CONFÉRENCE.

PRÉLIMINAIRES.

Mes Enfants, commençons aujourd'hui **l'Arithmétique.** C'est la science des *Nombres ;* elle apprend à *compter* et à *calculer.* Les Nombres servent à marquer la *Mesure* des *Quantités ;* et ils se composent d'*Unités* ou de parties égales d'Unité.

1. Qu'est-ce qu'une **Unité?** — C'est une des choses que l'on veut compter. Ainsi, quand on compte des chaises, c'est *une chaise* qui est *l'unité.* De même, en comptant des *francs,* des *pommes,* des *enfants,* des *chapeaux,* des *douzaines,* des *armées.....,* l'unité est *un* franc, *une* pomme, *un* enfant, *un* chapeau, *une* douzaine, *une* armée.....

2. Un **Nombre?** — C'est une unité, ou la réunion de plusieurs. Ainsi, *un, deux, trois.....;* un nez, *une* main, *deux* yeux, *deux* pommes, *trois* francs, *trois* doigts....., *un* quart, *trois* quarts, etc.

3. Parmi les Nombres, on distingue les Nombres *entiers* et *fractionnaires,* les Nombres *concrets* et *abstraits.*

4. Un **Nombre entier?** — C'est le nombre qui n'a que des unités *entières ;* comme *un, deux, trois, quatre.....; trois* francs, *cinq* pommes, *dix* heures.

5. Une **Fraction** vraie? — C'est une ou plusieurs *parties égales* de l'unité; comme une *demi-heure, trois quarts* de pomme.

6. Un **Nombre fractionnaire?** — C'est celui qui se compose ordinairement d'un nombre entier et d'une fraction. Ex. : *Trois* pages et *demie* , *huit* heures moins *un quart.*

7. Un nombre **concret?** — C'est celui qu'on nomme avec l'espèce des unités. Ainsi, *cinq francs, huit jours, trois quarts d'heure,* au lieu de dire simplement *cinq, huit, trois quarts,* sans rien désigner.

8. Un nombre **abstrait?** — C'est celui qu'on nomme sans l'espèce des unités. Ainsi *cinq, huit, trois quarts,* au lieu de dire, par exemple, *cinq francs, cinq hommes, huit jours, huit chapeaux.....,* etc.

9. Une **Grandeur** ou **Quantité** en général? — C'est tout ce qui pourrait être *plus ou moins grand;* c'est tout ce qu'on peut supposer *augmenté* ou *diminué.* Ex. : La *longueur* d'un bâton, d'un fil, d'un chemin est une *grandeur,* parce que ce bâton, ce fil, ce chemin peut être *plus ou moins long.* De même, la *hauteur* d'une montagne ; la *profondeur* d'un puits ; la *largeur* d'une planche, d'une feuille ; la *grosseur* d'une pomme, d'une poule, d'un tas de blé ; l'*étendue* d'une chambre, d'une plaine ; le *poids* d'une pierre, d'un bœuf ; la *force* d'un enfant, d'un cheval ; l'*âge* d'une personne, d'un arbre ; le *prix* d'un chapeau, d'un livre, d'une terre ; la *durée* d'une récréation ; la *vitesse* d'un courrier, etc.

10. Les Grandeurs se nomment *continues,* quand elles n'ont pas de parties séparées , comme une *longueur, une profondeur,* une *force.*

Les Grandeurs ou Quantités se nomment *discontinues,* quand elles se composent de parties distinctes, comme un *tas de pommes,* une *main de papier.*

11. Pour bien connaître les quantités ou les grandeurs, il faut les *mesurer* avec des unités connues. — *Mesurer une grandeur* ou *quantité,* c'est la comparer avec une autre de même nature. Ainsi, pour connaître la *quantité* de noix que contient un sac, il faut les compter *une* par *une,* ou *deux* par *deux,* ou même encore *poignées* par *poignées;* mais elles pourraient bien ne pas être égales.

12. De même, pour connaître la *grandeur* ou la *longueur* d'un ruban, il faudrait la mesurer avec la *grandeur* d'un mètre, ou toute autre, en la portant dessus, depuis un bout jusqu'à l'autre, autant de fois qu'on peut; et l'on trouverait, par exemple, que le ruban a *vingt mètres* de long. Alors on peut dire que la *quantité* à mesurer, c'est la *longueur* du ruban; l'*unité* de mesure, c'est la *longueur* du mètre; *vingt* est le nombre qui résulte du *mesurage;* enfin, *vingt mètres*, c'est la *mesure* du ruban. — Si l'on voulait savoir la *longueur* d'un chemin, il semblerait plus naturel de compter combien il y a de pas d'un bout à l'autre; mais les pas ne sont pas tous de la même longueur; alors une pareille mesure n'est pas bien exacte.

13. Pour vous exercer, tâchez d'expliquer les phrases suivantes : Une canne d'*un mètre ;* une classe de *deux heures ;* un chapeau de *huit francs ;* un enfant de *dix ans ;* un paquet de *cinquante épingles ;* une distance de *soixante pas ;* un livre de *cent pages….. ,* etc.

TROISIÈME CONFÉRENCE.

SUITE DES PRÉLIMINAIRES.

Papa, quand il y a beaucoup, beaucoup d'objets à compter, comme les grains d'un tas de blé, comme les personnes d'une ville, est-ce qu'on peut trouver le nombre et le retenir? — Oui, mes Enfants, cela s'apprend par la NUMÉRATION, quand même le nombre serait bien grand, bien grand. — *C'est peut-être cela qu'on appelle calculer, dis Papa. — Est-ce bien difficile?* — Non, mes Enfants; cela sert à augmenter ou à diminuer les nombres, les uns par les autres, au moyen de quelques opérations. — *Pour quoi faire?* — Pour trouver d'autres nombres qu'on ne pourrait pas deviner facilement, pour résoudre de petites questions bien utiles, et même amusantes, qu'on appelle des *Problèmes.* — *Oh! Papa, fais-nous-en quelques-uns, pour voir.* — Allons, je le veux bien; écoutez et tâchez de répondre en comptant sur vos doigts : Delphine a *six* ans et Léonie *quatre*, combien cela fait-il en tout? — *Dix ans, Papa.* — Pourquoi? — *Parce que six et quatre font dix.* — Combien Delphine a-t-elle de plus que Léonie? — *Deux ans, parce que deux et quatre font six.* — Voyons encore; chaque main a cinq doigts, combien y en a-t-il aux deux mains? — *Il y en a dix, parce que deux fois cinq font dix.* — Enfin, si l'on voulait partager huit poires entre deux Enfants, combien en auraient-ils chacun? — *Quatre, Papa, parce que deux fois quatre font huit.*

Mes Enfants, vous avez parfaitement résolu mes petits Problèmes; mais si je vous avais dit de bien grands nombres, croyez-vous que vous eussiez calculé aussi facilement pour me répondre? — *Oh! non Papa; et nous ne saurions pas seulement comment on appelle les nombres.* — Eh bien! mes Enfants, cela ne sera pas plus difficile, quand je vous aurai montré la *Numération*, ou la manière de compter tous les nombres qu'on veut. — *Allons, Papa, nous voulons bien apprendre la Numération, puisque c'est si nécessaire.*

QUATRIÈME CONFÉRENCE.

NUMÉRATION.

14. Mes Enfants, la Numération est l'art de *former* et d'*exprimer* tous les nombres possibles. (Nous ne parlerons d'abord que des nombres entiers; et retenez bien que la Numération est la base de l'Arithmétique, et que l'Arithmétique est le fondement de toutes les *Sciences Mathématiques.*)

15. Pour *former* tous les nombres entiers possibles, on prend des unités pareilles, et on les réunit *une par une.* Ainsi, pour compter avec ses doigts, on lève d'abord *un* doigt, puis encore *un* doigt, puis *un* autre, et ainsi de suite. Cela *forme* naturellement différents nombres de doigts, et ces nombres, qu'on appelle *naturels*, sont tous de plus en plus grands.

16. On agirait de même pour *former* différents nombres de personnes, ou de livres, ou d'autres choses. Mais bientôt on ne pourrait plus se reconnaître au milieu de tous ces nombres, si on ne leur donnait pas des noms pour les exprimer, comme on distingue les Enfants d'une classe par leur nom. Cela s'appelle la *Numération parlée;* c'est pour compter avec des *paroles.* Et, plus tard, je vous apprendrai la *Numération écrite;* c'est pour compter dans l'*écriture.*

17. La Numération parlée? — C'est la manière d'exprimer tous les nombres par la *parole* (ou dans le langage), avec quelques mots particuliers, qu'on appelle *noms de nombres.*

18 Les premiers Nombres entiers se nomment:

Un, deux, trois, quatre, cinq, six, sept, huit, neuf et dix.

Ainsi, en comptant avec ses doigts, on dirait : *Un* doigt, *deux* doigts, *trois* doigts, *quatre* doigts, jusqu'à *dix* doigts. On dirait de même : *Une* heure, *deux* heures, *trois* heures, *quatre* heures, *cinq* heures....., etc., jusqu'à *dix* heures.

Alors, vous voyez bien qu'*un* et *un* font deux; deux et *un* font trois; trois et *un* font quatre....., jusqu'à neuf et *un* font dix.

19. Après le nombre *dix*, on dit successivement :

Onze, douze, treize, quatorze, quinze et *seize,* pour dire :

Dix-*un*, dix-*deux*, dix-*trois*, dix-*quatre*, dix-*cinq*, dix-*six*, ensuite on dit plus régulièrement :

Dix-*sept*, dix-*huit*, dix-*neuf*, et *vingt* pour dix-*dix*.

Ainsi, vous voyez qu'à l'exception des mots différents, depuis *onze* jusqu'à *seize*, on nomme d'abord le mot *dix*, et qu'on prononce ensuite le nom des nombres simples *six*, *sept*, *huit* et *neuf*.

20. Repassez bien *les Nombres depuis* **un** *jusqu'à* **vingt**, et résolvons ensemble les petits Problèmes suivants :

I. Gustave a *deux* ans; Léonie *quatre*; Delphine *six* et Jules *huit*; combien cela fait-il en tout? — Réponse : *vingt* ans.

II. Dans combien de temps Delphine aura-t-elle le même âge qu'Adolphe qui a *dix* ans? — Réponse : *quatre* ans.

III. Vous êtes cinq; alors, si l'on veut vous donner à chacun *deux* sous, *trois* abricots et *quatre* poires, combien en faudra-t-il en tout? — Rép. : *dix* sous, *quinze* abricots et *vingt* poires.

IV. Avec *dix-huit* pêches, combien puis-je faire de tas de *trois* pêches chacun? — Rép. : *six* tas.

V. Enfin, s'il y avait *vingt* prunes à partager en *six* tas, combien y aurait-il de prunes à chacun? — Rép. : *trois* prunes, et il resterait de quoi faire un septième tas de *deux* prunes seulement.

CINQUIÈME CONFÉRENCE.

SUITE DE LA NUMÉRATION PARLÉE.

21. Mes Enfants, pour compter après *dix*, on convient que *dix* unités simples formeront une *dizaine*, et l'on compte par dizaines, comme par unités, en disant :

Dix, vingt, trente, quarante, cinquante et soixante,

pour exprimer respectivement :

Une dizaine, *deux* dizaines, *trois* dizaines, *quatre* dizaines, *cinq* dizaines et *six* dizaines.

Ensuite, pour nommer les nombres de

Sept dizaines, *huit* dizaines, *neuf* dizaines, *dix* diz.,

on dit :

Soixante et dix, quatre-vingts, quatre-vingt-dix et *cent*,
ou   *Septante,*   *octante,*   *nonante*   et *cent.*

22. A présent, pour compter de *vingt* à *trente*, on dit : vingt-*un*, vingt-*deux*, vingt-*trois*, vingt-*quatre*.....,
jusqu'à vingt-*neuf* et *trente* (au lieu de vingt-*dix*).

De même, pour compter de *trente* à *quarante*, on dit : trente-*un*, trente-*deux*, trente-*trois*....., jusqu'à trente-*neuf*, puis *quarante* pour trente *et dix*. Ainsi on prononce les mots *un*, *deux*, *trois*, jusqu'à *neuf*, après le nom de la dizaine d'où l'on compte.

23. Pour compter de *soixante* à *quatre-vingts* et de *quatre-vingts* à *cent*, on a soin de prendre les mots depuis *un* jusqu'à *dix-neuf*. Ainsi, on dira : soixante-*onze*, soixante-*douze*..... et soixante-*dix-neuf*; quatre-vingt-*onze*, quatre-vingt-*douze*..... et quatre-vingt-*dix-neuf*.

24. Avec tout ce qui précède, nous savons donc déjà compter depuis *un* jusqu'à *cent*; mais, pour vous exercer, dites-moi : que vaut le nombre *cinquante-huit*? — *trente-six*? — *quatre-vingt-quatre*? — *septante-deux*? — *soixante-douze*? — *vingt-sept*? — Ensuite, comment exprimer *trois* dizaines et *cinq* unités? — *huit* dizaines? — *une* dizaine et *quatre* unités? — *neuf* dizaines? — enfin *neuf* dizaines et *cinq* unités, puis *neuf* unités avec *cinq* dizaines.

25. Pour compter après *cent*, on dit naturellement : *cent un, cent deux, cent trois, cent quatre, cent cinq...*, etc., jusqu'à *cent quatre-vingt-dix-neuf*; ensuite viendrait le nombre *deux cents*. Puis on dit *deux cent un, deux cent deux.....*, etc., jusqu'à *trois cents*, et ainsi de suite. On compte de cette manière jusqu'à *dix cents* ou *mille*.

26. Ainsi on convient que *cent* unités formeront une *centaine*; on compte par *centaines*, comme par unités, comme par dizaines, depuis *une* centaine, *deux* centaines....., jusqu'à *dix* centaines, en disant seulement *cent, deux cents, trois cents....., neuf cents* et *mille*. Puis, pour les nombres intermédiaires, ou compris entre des centaines, on dit le nom de la centaine d'où l'on part, en y joignant le nom de tous les nombres de dizaines et d'unités, depuis *un* jusqu'à *quatre-vingt-dix-neuf*. On dit, par exemple, *trois cent un, trois cent deux....., jusqu'à trois cent quatre-vingt-dix-neuf.*

27. Retenez bien que *dix* unités font *une dizaine;* que *dix dizaines* font *une centaine*, et que *dix centaines* font *un mille*. Ainsi les *unités*, les *dizaines* et les *centaines*, sont trois **ordres** d'unités de *dix* en *dix* fois plus grandes, et ces *trois ordres* forment ce qu'on appelle la **classe** des *unités* simples.

28. Mes Enfants, exercez-vous bien à compter depuis *un* jusqu'à *mille;* c'est la base de tous les nombres plus grands, et ne confondez pas certains nombres qui paraissent se ressembler, comme *deux cent quatre* et *quatre cent deux, trois cent huit* et *huit cent trois*, ainsi qu'une foule d'autres.

Enfin voyons, que signifient ou que renferment les nombres *huit cent quatre?* — *cinq cent cinquante-cinq?* — *quatre cent trente-deux?* Comment nommer un nombre qui contient *huit* centaines *quatre* dizaines et *six* unités, ou *six* centaines *quatre* dizaines et *huit* unités, ou *quatre* centaines *huit* dizaines et *six* unités....., etc.

SIXIÈME CONFÉRENCE.

SUITE DE LA NUMÉRATION PARLÉE.

29. Mes Enfants, nous savons déjà compter depuis *un* jusqu'à *mille;* eh bien! maintenant, allons plus loin.

A partir de *mille*, on est convenu de compter par *unités de mille, dizaines* de mille et *centaines* de mille, comme on a compté par *unités, dizaines* et *centaines;* et cela forme la *classe des mille*, composée de *trois ordres*, comme la classe des Unités simples. Ainsi on comptera, en disant : *mille, deux mille, trois mille....., jusqu'à neuf cent quatre-vingt-dix-neuf mille*, et *dix cent* mille qu'on a nommé *million*. Mais, pour nommer tous les nombres compris entre *mille* et *deux mille*, on prononce, après *mille*, le nom de tous les nombres d'ordres inférieurs, en disant : mille *un*, mille *deux*, mille *trois*......, jusqu'à mille *neuf cent quatre-vingt-dix-neuf et deux mille*. — Ensuite on compte de même depuis *deux mille* jusqu'à *trois mille*, depuis *trois mille* jusqu'à *quatre mille*....., et ainsi de suite, jusqu'à *neuf cent quatre-vingt-dix-neuf* Mille *neuf cent quatre-vingt-dix-neuf* Unités. Puis vient le nombre qu'on appelle un *Million*.

30. On forme une classe de *Millions* comme la classe des *Mille*, comme la classe des *Unités*; et l'on y met trois ordres, qui sont les *unités* de millions, les *dizaines* de millions et les *centaines* de millions. On compte alors, avec tous les mots déjà connus, depuis *un million* jusqu'à *deux millions*, depuis *deux millions* jusqu'à *trois millions*....., et ainsi de suite, jusqu'à *mille millions*, ce qui forme un nouveau nombre qu'on appelle *Billion* (et quelquefois *Milliard*).

31. Puis on forme la *classe des Billions* comme la classe des *Millions*, comme celle des *Mille*, comme celle des *Unités simples*. Après les *Billions*, on peut former de la même manière de nouvelles classes, qu'on appelle *Trillions*, *Quatrillions*, *Quintillions*....., *etc*. Mais, voyez-vous, mes petits Enfants, ces nombres-là sont si grands, si grands, qu'on a bien de la peine à s'en faire une idée.

32. *Papa, qu'est-ce donc que c'est qu'un Quintillion?* — Mes Enfants, c'est *mille* quatrillions; un quatrillion, c'est *mille* trillions; un trillion, c'est *mille* billions, et ainsi de suite. — *Oh ! petit Papa, avec tous ces mille-là, je ne comprends rien du tout. Tâche donc de nous l'expliquer autrement.*

Eh bien ! mes Enfants, écoutez autre chose. Tenez, supposons un ouvrage de *dix* volumes, ayant chacun *cent* pages; en tout, cela ferait *dix fois cent*, ou *mille*, ou un *millier* de pages. Une Bibliothèque de *mille* ouvrages comme le premier, contiendrait *mille* milliers ou un *million* de pages. Une Ville, qui aurait *mille* Bibliothèques comme la première Ville, renfermerait *mille* millions, ou un *billion*, ou un *milliard* de pages. — Ensuite, supposez un Royaume composé de *mille* Villes comme la première, puis une partie du Monde renfermant *mille* Royaumes comme le précédent, et ainsi de suite, et vous trouverez un *trillion*, un *quatrillion*, un *quintillion*....., *etc*. — On pourrait chercher de même ce que vaudrait un *décillion*, un *centillion;* mais ce sont des nombres immenses, dont heureusement nous n'avons pas besoin. Mes Enfants, pour compter toutes les feuilles d'arbre, tous les brins d'herbe, tous les grains de poussière de la terre, et toutes les gouttes d'eau des rivières et de l'Océan, il faudrait certainement de bien grands nombres, n'est-ce pas? Eh bien ! pour compter les étoiles du ciel, qui nous semblent si petites, et qui pourtant sont plusieurs milliards de fois plus grosses que la terre, il faudrait des nombres encore bien plus considérables, peut-être même il y en a une *infinité*. Pensez donc, mes pauvres Enfants, un nombre qui ne finirait jamais; c'est comme l'*éternité* : un temps qui dure toujours, toujours, toujours. Oh! mon Dieu! que nous sommes donc peu de chose en comparaison de tout cela, et de tout l'Univers, et de Celui qui l'a créé de rien par sa parole!

33. Résumons à présent tout ce que nous avons dit sur les *classes* et sur les *ordres* des nombres. Tous les nombres entiers forment différentes classes, qu'on appelle *Unités*, *Mille*, *Millions*, *Billions*, *Trillions*......, etc; et chaque classe se compose de *trois* ordres, qu'on appelle *unités*, *dizaines* et *centaines.* — On est convenu que *dix* unités d'un ordre en vaudraient *une* de l'ordre *supérieur* suivant; alors *une* unité d'un ordre quelconque en vaut *dix* de l'ordre *inférieur* suivant; et puis, *mille* unités d'une classe en valent *une* de la classe supérieure suivante. Avec ces simples *conventions*, on peut exprimer ou nommer tous les nombres entiers possibles.

34. Les noms de nombres s'appellent *cardinaux* ou *collectifs*, quand ils marquent le nombre des objets dans une *collection* ou dans une réunion. Ainsi, *un*, *deux*, *trois*......, et tous les nombres entiers naturels. — Les noms de nombres s'appellent *ordinaux*, quand ils marquent l'*ordre* ou le rang des objets dans une réunion. Ainsi, *premier*, *second* ou *deuxième*, *troisième*....., etc. On les forme en général en mettant la terminaison-*ième* après les nombres cardinaux. — Dites-moi, par exemple, comment se nomme le dernier élève d'une classe qui en aurait *huit*, ou *trente-cinq*, ou *cent*, ou *deux*, ou *quatre-vingts*, ou *soixante-dix-neuf*, ou......, etc.

SEPTIÈME CONFÉRENCE.

NUMÉRATION ÉCRITE.

35. MES Enfants, vous savez déjà *nommer* tous les nombres entiers que vous voulez; maintenant, il faut apprendre à les *écrire* en abrégé, non pas avec des lettres, et c'est là le but de la *Numération écrite*.

36. La **Numération écrite?** — C'est la manière d'*écrire* tous les nombres possibles avec des caractères abrégés qu'on appelle *chiffres*.

37. Pour *écrire* ou *chiffrer* tous les nombres entiers possibles, on emploie dix *chiffres* (qu'on appelle *arabes*), et qu'on nomme

$$1 \quad 2 \quad 3 \quad 4 \quad 5 \quad 6 \quad 7 \quad 8 \quad 9 \quad 0$$

un, deux, trois, quatre, cinq, six, sept, huit, neuf, **zéro.**

38. Les *neuf premiers* chiffres s'appellent *significatifs*, parce qu'ils *signifient* ou marquent les *neuf premiers* nombres d'unités dans tous les ordres et dans toutes les classes possibles. — Le dernier chiffre 0, *zéro*, n'indique aucune valeur, et il *sert* à marquer les ordres qui manquent dans les nombres. Le zéro peut exprimer aussi une quantité qui n'a plus d'unités, ou qui n'en a pas encore, en un mot qui n'est *rien*.

39. Pour écrire les *neuf premiers* nombres, on prend les chiffres significatifs avec leur valeur convenue

1   2   3   4   5   6   7   8   et   9.

Ainsi, le chiffre 4, pris tout seul, signifie *quatre* unités ou simplement *quatre*. Ex. 4 francs, 4 heures, 4 pommes, 4 douzaines, 4 mille....., etc.

40. Maintenant, pour écrire des *dizaines* seules, on prend les chiffres significatifs (comme pour des unités simples); mais pour leur faire marquer des dizaines ou des unités du *deuxième ordre*, on les place au *deuxième rang*, à compter de la droite vers la gauche; et l'on met sur leur droite le chiffre zéro. Alors les nombres

dix, vingt, trente, quarante, ... et *nonante,*

s'écrivent 10   20   30   40   ..... et 90.

41. De même, pour écrire les *centaines* ou unités du *troisième ordre*, on pose les chiffres significatifs ordinaires en mettant sur leur droite deux zéros; alors on a

100   200   300   400   500   600   700   800   et   900.

Ainsi, le 1er *chiffre* à droite marque les *unités* simples ou du 1er *ordre*; le 2e *chiffre* à droite marque les *dizaines* ou unités du 2e *ordre*; et le 3e *chiffre* à droite marque les *centaines* ou unités du 3e *ordre*.

42. Alors, le nombre *cinquante-quatre* s'écrira en mettant un 5, puis un 4 à sa droite; ce qui fait 54, parce que *cinquante-quatre* contient 5 *dizaines* et 4 *unités*. — De même *huit cent cinquante-quatre* s'écrira en mettant un 8, puis un 5, puis un 4; ce qui fait 854, parce que *huit cent cinquante-quatre* contient 8 *centaines*, 5 *dizaines* et 4 *unités*. — De même encore *huit cent quatre* s'écrira 804, parce que le nombre renferme seulement 8 *centaines* et 4 *unités*, et il faut mettre un *zéro* à droite des centaines, pour marquer qu'il n'y a point de *dizaines*.

43. Maintenant, vous pourrez bien lire des nombres de trois chiffres. Ainsi 917 signifie *neuf cent dix-sept,* tandis que 719 exprime *sept cent dix-neuf.* — De même 406 marque *quatre cent six,* et 604 signifie *six cent quatre.* — Lire et comparer 24 et 80.

Il faut s'exercer à *écrire* et à *lire* bien des nombres de *deux* ou *trois* chiffres, parce que toutes les *classes* sont composées comme la première.

HUITIÈME CONFÉRENCE.

SUITE DE LA NUMÉRATION ÉCRITE.

44. Mes Enfants, à présent, pour écrire en chiffres des nombres entiers quelconques, il faut bien retenir qu'*un chiffre exprime toujours des unités de l'ordre où il est placé.* Ainsi un chiffre placé au 1er *rang,* au 2e, au 3e, au 4^c, au 8^c, au 15^c, marquera des unités du 1er *ordre,* du 2e, du 3e, du 4e, du 8e, du 15e.

45. Vous voyez bien alors que chaque chiffre peut avoir deux valeurs; l'une qu'on appelle *absolue,* et qu'il a *constamment;* l'autre, qu'on appelle *locale,* qui dépend de sa *place* dans les nombres. Ainsi, le chiffre 8 vaut *absolument* et *constamment* huit; mais, en mettant ce chiffre 8 au 1er rang, au 2e, au 3e, au 4^c....., etc., il exprime 8 *unités,* ou 8 *dizaines,* ou 8 *centaines,* ou 8 *mille*....., etc.

46. Règle : Pour **écrire** ou pour *chiffrer* un nombre entier quelconque, il faut écrire, à partir de la gauche, chaque classe énoncée en lui donnant la place qui lui revient, et marquant par des zéros les ordres qui ne sont pas exprimés ou qui manquent de chiffres significatifs. Ainsi, pour écrire 26 *millions* 15 *mille* 804 *unités,* on pose d'abord 26 pour les *millions,* puis 015 pour les *mille,* et 804 pour les *unités;* ce qui fait 26 015 804. Comme il y a 15 *mille,* alors on met 015, pour que la tranche ait les chiffres de ses trois ordres, et le zéro marque qu'il n'y a pas de *centaine* de mille.

47. On écrira de même 17 *trillions* 60 *billions* 4 *mille* 12 *unités,* en posant 17 060 000 004 012.

Écrivez encore 50 *billions* 13 ; 28 *quatrillions* 5 *millions* 100 *mille* ; six *quintillions trois cent billions quinze* ; *dix-huit cent quarante-six* ; *douze millions mille douze*.

NEUVIÈME CONFÉRENCE.

SUITE DE LA NUMÉRATION ÉCRITE.

48. MES Enfants, aujourd'hui, je vais vous apprendre à *lire* ou à *déchiffrer* les nombres entiers, c'est-à-dire, à les énoncer quand ils sont écrits en chiffres.

Règle : Pour **énoncer** *un nombre écrit en chiffres*, on le partage d'abord (à vue d'œil) en tranches de *trois chiffres*, à partir de la droite, en retenant le nom des classes ; puis on lit, de gauche à droite, chaque tranche séparément, en lui donnant le nom qui lui appartient.

Ainsi, soit le nombre 56 804 ; on le partage en tranches, et l'on trouve d'abord 804 *unités* et 56 *mille* ; alors on l'énonce, en disant 56 *mille* 804 *unités*.

49. De même, soit le nombre 83456020097, on le conçoit d'abord partagé ainsi 83 456 020 097, en retenant les mots *unités, mille, millions, billions* ; puis on l'énonce, en disant : 83 *billions* 456 *millions* 20 *mille* 97 *unités*. — Énoncez de même les nombres 80005 ; 7373737 ; 410000070000050 ; 68068680068 ; 3456543 ; 255225522552 ; 40990440990409904 ; 10101010101.

50. *Voici un petit Tableau des ordres et des classes :*

Trillions,	Billions,	Millions,	Mille,	Unités.
48	390	612	709	546
5e classe,	4e classe,	3e classe,	2e classe,	1re classe.

Et remarquez bien comme les ordres et les classes y vont de droite à gauche, en croissant régulièrement.

51. Nombre rond. Quand on veut énoncer en *nombre rond*, ou à peu près, la valeur d'un nombre, on se borne aux unités des ordres principaux. Ainsi le nombre 32427 vaut de 32 à 33 *mille*, ou 32 *mille* 4 à 5 *cents*. Cela suffit pour donner une idée *approximative* ou *ap-*

prochée du nombre. On dit aussi, en *nombre rond*, un enfant de 8 à 10 ans ; une *quarantaine de millions* ; Clermont a de 30 à 35 mille âmes, tandis que le *chiffre exact* ou la valeur entière serait 32427.

51. Numéros. Pour distinguer des objets plus ou moins nombreux, comme les pages d'un livre, les maisons d'une rue, on les numérote en les marquant par des nombres, appelés *Numéros.* Au lieu des chiffres arabes, quelquefois on se sert des chiffres romains, comme pour les heures du cadran des horloges (Ex. Nos Questions à résoudre).

52 bis. Quand un Numéro (comme celui-ci) est la répétition d'un autre, on y joint les mots *bis*, *ter*, etc. Ainsi, on dirait 52 *bis*, 52 *ter*, etc.

On numérote quelquefois en mettant 1º, 2º, 3º, 4º ....., etc., et l'on prononce les mots latins *primò*, *secundò*, *tertiò*, *quartò*....., etc., pour dire *premier*, *second*, *troisième*, *quatrième*....., etc.

53. La Numération donne le moyen de rendre les Nombres entiers 10 fois, 100 fois, 1000 fois....., plus *grands* ou plus *petits*, en se rappelant la valeur *locale* des chiffres.

Pour rendre un chiffre, ou même un nombre tout entier, 10 fois, 100 fois, 1000 fois..... plus *grand*, il suffit de *mettre* sur sa droite 1, ou 2, ou 3 zéros. Ainsi, le nombre 4 devient 40 400 4000.....; de même, 60254 devient 602540 6025400.....; car si le 4, qui exprimait d'abord 4 *unités*, marque ensuite 4 *dizaines*, par exemple, alors, il vaut 10 *fois plus*. Le 5, qui marquait 5 *dizaines*, exprime ensuite 5 *centaines* ; donc il vaut 10 *fois plus*. Il en est de même des autres chiffres ; donc tout le nombre est devenu 10 *fois plus grand*.

54. Pour rendre un nombre entier 10 *fois*, 100 *fois*, 1000 *fois*..... plus *petit* (quand il est terminé par des zéros), il suffit d'*effacer* 1, ou 2, ou 3 zéros sur sa droite. Ainsi, le nombre 640 devient 10 *fois plus petit*, en ôtant le zéro et posant 64. De même, le nombre 89500 devient 100 *fois plus petit* en posant 895. — Cherchez aussi ce que devient le nombre 204080900, en posant 20408000, ou 204080, ou 20408 ; mais il ne faut point toucher aux zéros qui séparent les chiffres, parce qu'ils sont nécessaires pour conserver la véritable valeur de tous les chiffres à gauche. — Si un nombre n'est pas terminé par des zéros, on peut le rendre 10 fois, 100 fois, 1000 fois....., plus petit, en séparant 1, ou 2, ou 3..... chiffres sur sa droite par une grosse virgule. Ainsi, pour rendre 100 fois plus petit le nombre 435, je sépare 2 chiffres (autant qu'il y a de zéros dans 100), et je pose 4,35 ; ce qui fait 4 unités et 35 centièmes d'unité. Ex. 435 francs partagés entre 100 personnes, donneraient à chacune 4 fr. et 35 centimes.

55. Résolvons ensemble quelques petites questions.

1º. *Combien coûtent 10 mètres, 100 mètres, 1000 mètres de drap, quand le mètre coûte 26 francs?*

Si 1 mètre coûte 26 fr., 2 mètres coûteront 2 fois 26 fr., 3 mètres, 3 fois 26 fr....., et 10 mètres, 10 fois 26 fr. ou 260 fr., en mettant un zéro à droite de 26 fr.....

De même, 100 m. coûteront 100 fois 26 fr. ou 2600 fr., et 1000 m. coûteront 1000 fois 26 fr. ou 26000 fr.

2º. *Combien coûte 1 volume, lorsque 100 volumes semblables ont coûté 4000 fr.?*

D'abord, 100 volumes coûteraient 100 fois plus qu'un seul; alors, un seul volume doit coûter 100 fois moins que les 100 volumes, ce qui fait un nombre 100 fois plus petit que 4000 fr. On le trouvera en ôtant deux zéros sur sa droite, ce qui donne 40 fr. Ainsi, le volume coûte 40 francs.

Si 1000 vol. avaient coûté 4350 fr., *chaque volume coûterait* 4 fr. 35, c'est-à-dire 4 fr. 35 centimes.

56. Mes Enfants, nous avons fini ce qu'il y a de plus essentiel dans le *Système de Numération*. On appelle ainsi la réunion de toutes les conventions qu'on a établies pour exprimer les nombres dans le langage et dans l'écriture. Enfin, notre Système de Numération s'appelle Système *décimal*, parce que *dix* en est la *base*, c'est-à-dire, parce que tous les Nombres entiers se composent d'unités de *dix* en *dix* fois plus grandes.

57. A la prochaine conférence, je commencerai à vous apprendre les principales *Mesures* qu'on doit employer dans toute la France. C'est le Roi qui l'a ordonné par une loi, et il faut bien lui obéir.

DIXIÈME CONFÉRENCE.

SYSTÈME MÉTRIQUE.

58. Mes Enfants, on appelle **Système métrique,** ou *système légal* des poids et mesures, la réunion des poids et mesures établis par les lois depuis la grande révolution de 1789. — Le **Mètre** est l'Unité fondamentale de tout le Système.

59. Les *Quantités* dont on a le plus besoin se nomment *Longueur, Surface, Volume, Capacité, Poids, Monnaie,* et leurs principales *Unités* de mesure s'appellent **Mètre, Are, Stère, Litre, Gramme, Franc.**

Ainsi, le *Mètre* est l'unité de longueur; l'*Are* est l'unité de surface; le *Stère* est l'unité de volume; le *Litre* est l'unité de capacité; le *Gramme* est l'unité de poids, et le *Franc* est l'unité de monnaie en *France*.

60. Pour désigner des Unités *multiples* de dix en dix fois plus *grandes*, on met à gauche des noms primitifs, les quatre mots tirés du grec *Déca*, *Hecto*, *Kilo* et *Myria*, qui signifient 10, 100, 1000 et 10000. Alors, les mots composés *décamètre*, *hectomètre*, *kilomètre* et *myriamètre*, expriment respectivement 10 mètres, 100 mètres, 1000 mètres et 10000 mètres.

61. Pour les Mesures *sous-multiples* de dix en dix fois plus *petites*, on joint au nom des Mesures, les trois mots tirés du latin *déci*, *centi*, *milli*, qui signifient *dixième*, *centième*, *millième*. Alors, les *décimètre*, *centimètre*, *millimètre*, expriment la *dixième*, *centième*, *millième* partie du mètre, ou bien une longueur 10 fois, 100 fois, 1000 fois plus petite que le Mètre.

62. A présent, pour les autres unités principales, on agit à peu près de la même manière; mais, avant de les étudier en détail,

Voici un petit Tableau pour aider la mémoire :

MULTIPLES.				Unité.	SOUS-MULTIPLES.		
Myria.	Kilo.	Hecto.	Déca.		déci.	centi.	milli.
10000	1000	100	10	1	10ᵉ	100ᵉ	1000ᵉ

On voit qu'un *Myria* vaut 10 *Kilo*; un *Kilo* vaut 10 *Hecto*; un *Hecto* vaut 10 *Déca*; un *Déca* vaut 10 *Unités*; une *Unité* vaut 10 *déci*; un *déci* vaut 10 *centi*; enfin, un *centi* vaut 10 *milli*.

63. Longueur. L'Unité linéaire ou de longueur, en général, est le **Mètre**; ensuite il y a ses Multiples, le *Décamètre*, l'*Hectomètre*, le *Kilomètre* et le *Myriamètre*, et ses Sous-Multiples, le *décimètre*, le *centimètre* et le *millimètre*.

64. Le **Mètre** est (comme vous voyez) (*) à peu

(*) Il faut montrer le *Mètre* aux élèves; et, plus tard, il faudra, de même, leur faire voir les autres Unités de mesure, pour qu'ils s'accoutument à les reconnaître.

près la longueur d'une grande canne. Le *décimètre* est la largeur d'une main d'homme ; le *centimètre* est la moitié de la grosseur du doigt ; et le *millimètre* est comme un trait de plume ordinaire.

65. Plus tard, vous saurez que le MÈTRE *est la dix million-nième partie du quart du Méridien terrestre*, ou d'un grand cercle qui ferait le tour du Monde, parce que l'on sait que la Terre est à peu près ronde comme une boule.

66. Le *Décamètre* sert aux arpenteurs pour mesurer les champs. Le *Kilomètre* et le *Myriamètre* servent pour les chemins ou sont les *mesures itinéraires*. On peut faire un *Kilomètre* en un quart d'heure, et même un *Myria-mètre* en deux heures.

67. Le nombre 52463 *mètres* s'écrirait 52463^m, et signifie 5 *myriamètres* 2 *kilom.* 4 *hectom.* 6 *décam.* et 3 *mètres*. Mais, s'il y avait 52463 *centimètres*, il mar-querait 3 *centim.* 6 *décim.* 4 *mètres, etc.*, ou 524 *mètres* 63 *centimètres*, ou 524^m,63 en mettant la lettre du nom à droite du chiffre des unités principales, et puis une *virgule*, pour les séparer des parties *décimales* suivantes, qui expriment des Sous-Multiples de *dix* en *dix* fois plus petits de l'unité entière.

68. Surface. Les *mesures de surface* ou de *super-ficie* sont ordinairement le **Mètre-carré**, le *décimètre-carré*, le *centimètre-carré*....., etc.

69. Pour les *mesures agraires* ou des champs, on emploie un **Are**, un *Hectare* et un *Centiare*, et quel-quefois le *Myriare*. — Un *Are* est un *décamètre-carré*; c'est un carré qui a 10 mètres de long et 10 mètres de large, ce qui fait 10 fois 10 ou 100 *mètres-carrés*. — De même, un *Mètre-carré* contient 10 fois 10 ou 100 *déci-mètres-carrés*.

70. Pour le bien comprendre, figurez-vous une grande fenêtre qui aurait 10 mètres de hauteur et 10 de largeur ; alors, elle pourrait avoir 10 rangées de 10 car-reaux, chacune, ce qui ferait 100 carreaux ayant cha-cun un *mètre-carré*, c'est-à-dire, un mètre de hauteur sur un mètre de largeur. — Regardez encore la Table de Pythagore qu'il y a sur votre livre ; elle ressemble à une fenêtre ou à un damier, et elle représente un *dé-cimètre-carré* partagé en *cent centimètres-carrés*. Retenez bien qu'un mètre-carré contient 100 décimètres-carrés, et non pas 10, comme vous le croiriez d'abord.

71. Enfin, une surface de forme rectangulaire, comme celle-ci, ayant, par exemple, 3 mètres de hauteur sur 4 de longueur, contiendrait évidemment 3 fois 4 ou 4 fois 3, ou 12 carreaux d'un mètre, ou 12 *mètres-carrés :*

1   4

3   12

72. Le nombre 42608 *ares* exprime en détail 4 *my-riares* 26 *hectares* et 8 *ares.* — Le nombre 42608 *cen-tiares* marquerait 426 *ares* ,08 ou 4 *hectares* 26 *ares* et 8 *centiares.*

ONZIÈME CONFÉRENCE.

VOLUME ET CAPACITÉ.

73. Volume. — *L'unité de volume* pour les corps, en général, est le **Mètre cube.** Les autres me-sures cubiques sont le *décimètre-cube,* le *centimètre-cube......,* etc.

Le *mètre-cube* est le volume d'un corps taillé comme un dé à jouer, et qui aurait *un mètre de long, de large et de hauteur.*

74. Le *mètre-cube* contient 1000 *décimètres-cubes,* et non pas 10, comme on le croirait d'abord.

Pour bien le comprendre, figurez-vous un bloc de bois ayant un mètre de *long,* de *large* et de *hauteur.* D'abord, *je le scie* en *dix tranches égales* ayant un décimètre de hauteur! Ensuite, je coupe chaque tranche en *dix soliveaux*, comme des billes de savon, ayant un décimètre de largeur. Enfin, je partage chaque soliveau en *dix cubes égaux*, comme un dé à jouer, ayant un décimètre de long, de large et de hauteur. C'est justement le *décimètre-cube*; alors, vous voyez bien que chaque soliveau contient 10 *décimètres-cubes*; chaque tranche de 10 soliveaux, contient 10 fois 10 ou 100 *décimètres-cubes*; enfin, le bloc tout entier, formé de 10 tranches, contient 10 fois 100 ou 1000 *décimètres-cubes*. Alors, le *décimètre-cube* est la *millième* partie, et non pas la 10ᵉ du *mètre-cube*. — Pour les autres *mesures cubiques*, il faut concevoir la même décomposition.

75. Le nombre 28145 *décimètres-cubes* contient 28 *mètres-cubes* 145 *décimètres-cubes*, et peut s'écrire 28*mètres-cub.*,145.

76. Le *mètre-cube* se nomme STÈRE, pour mesurer le bois. — C'est un cadre qui a un mètre de hauteur et de largeur, et où l'on place les bûches d'un mètre les unes sur les autres. — On emploie aussi le *décastère*, qui vaut 10 stères, et le *décistère*, qui vaut 10 fois *moins* que le stère.

Le nombre 4356 *décistères* exprime 43 *décastères* 5 *stères* et 6 *décistères*, et peut aussi s'écrire 435 *stères*,6.

77. CAPACITÉ. — L'*unité de capacité*, pour mesurer ce que contient un vase, est le LITRE. Ensuite, il y a le *décalitre*, l'*hectolitre* et le *kilolitre*; puis le *décilitre* et le *centilitre*.

Le nombre 84352 *centilitres* exprime 2 *centil.* 5 *décil.* 3 *litres* 4 *décal.* 8 *hectol.*, et on pourrait l'écrire 843 *litres*,52, en séparant les litres des parties moindres.

78. Le LITRE est le volume d'un vase qui contiendrait exactement un *décimètre cube*; c'est ce que renferme une *bouteille de litre*. Dans le commerce, les vases pour mesurer sont ronds; on les fait en étain, en fer-blanc ou en bois, suivant ce qu'on doit vendre.

79. Pour mesurer les grains en général, on emploie des vases qui ont autant de hauteur que de largeur; et pour les vins, les huiles et autres liquides, ils ont deux fois plus de hauteur que de largeur. Enfin, le Roi a permis de mesurer avec des vases qui contiennent le *double* et la *moitié* du litre, le *double* et la *moitié* du décalitre....., etc.

DOUZIÈME CONFÉRENCE.

POIDS ET MONNAIES.

80. POIDS. L'*unité primitive* des *mesures de poids* ou de *pesanteur*, est le GRAMME. Ensuite, il y a le *Décagramme*, l'*Hectogramme*, le *Kilogramme* et le *Myriagramme*; puis,

pour les petites pesées, il y a le *décigramme*, le *centigramme* et le *milligramme*. Mais, pour les poids bien considérables, dans les maisons de roulage et dans les ports de mer, on emploie le QUINTAL, qui doit peser à présent *cent kilogrammes* (et non pas 50), et le TONNEAU de mer qui pèse *dix quintaux*, ou *mille kilogrammes*, ou un *millier*.

81. Le *Gramme* pèse à peu près autant que 19 grains d'orge; c'est le poids de l'eau froide et *distillée*, ou bien pure, qui pourrait tenir dans un petit vase d'un centimètre cube.

Le nombre 2385746 *milligrammes* vaut 2385 *grammes*,746, ou 2 *kilogrammes* 385 *grammes* 746 *milligrammes*. Dans le Commerce, on emploie des Balances et des Poids de différentes formes; et le Roi a permis de se servir aussi de poids qui vaudraient le *double* et la *moitié* des autres.

82. Monnaie. — *L'unité de Monnaie* pour les sommes d'argent est le **Franc**. Ensuite, il y a le *décime*, qui vaut 10 fois *moins* que le franc; et puis, le *centime*, qui vaut 100 fois *moins* que le franc. — On compte toujours par *francs et centimes*; mais le Roi a permis l'usage de plusieurs espèces de pièces en *argent*, en *cuivre* et en *or*, pour faciliter les payements.

83. Pièces d'Argent. Les *Pièces d'argent* sont le *franc*, le *demi-franc* et le *quart de franc*; ensuite, la pièce de 2 *francs* et l'*écu de 5 francs* : c'est ce qu'on appelait les pièces de 20 *sous*, de 10 *sous*, de 5 *sous*, de 40 *sous* et de 100 *sous*. Il y a encore quelques pièces anciennes de 15 et de 30 *sous*; elles valent 75 *centimes* et 1 *franc* 50 *centimes*.

Pièces de Cuivre. Les *Pièces de cuivre* sont le *décime* (ou gros sou), ensuite le *centime*, puis le *petit sou* qui vaut 5 *centimes*.

Pièces d'Or. Les *Pièces d'or* sont le *louis* de 20 *francs* et de 40 *francs*. Il y a aussi quelques pièces de 100 *francs*, mais qui circulent rarement.

Le Roi a l'intention de faire frapper en bronze des pièces de 2 et de 3 *centimes*, pour remplacer les vieux liards.

84. Le FRANC est une pièce d'argent qui pèse 5 *grammes* avec un dixième d'*alliage*. (Elle est au *titre* de 9 dixièmes de *fin*, c'est-à-dire qu'elle renferme 9 parties d'argent pur avec une partie de cuivre.) — Tâchez de retenir que 200 francs d'argent pèsent un kilogramme.

85. Le nombre 431728 *centimes* vaut 4317 fr. 28 *centimes*, et peut s'écrire 4317 fr.,28. Dans le Commerce, on met ordinairement fr. 4317 » 28 cent.

86. Les bijoux, les couverts d'argent, et autres pièces d'orfévrerie, contiennent toujours une certaine quantité d'*alliage*, qui est réglée d'avance par une loi, et vérifiée par un contrôleur. Les diverses quantités d'alliage qu'on met à *proportion* du métal pur forment ce qu'on appelle les différents *titres* de l'or et de l'argent ; c'est comme si l'on disait de l'or et de l'argent de différentes *qualités*. Enfin, la marque mise par le contrôleur sur les objets d'or et d'argent, se nomme le *contrôle*.

TREIZIÈME CONFÉRENCE.

AUTRES MESURES USUELLES.

Mes Enfants, je vais vous apprendre quelques autres mesures dont on fait encore usage, comme autrefois.

87. Temps. — Pour mesurer le *Temps* ou la *Durée*, on emploie plusieurs unités, qui sont le *Jour*, l'*Heure*, la *Minute* et la *Seconde*. — Le *Jour* vaut 24 *heures* ; l'*Heure* vaut 60 *minutes*, et la *Minute* vaut 60 *secondes*. La *seconde* va ordinairement aussi vite que le battement du pouls d'une personne.

88. Quelquefois le Temps se compte par *Semaines*, par *Mois*, par *Ans* ou *Années*, et par *Siècles*. La *Semaine* est de 7 jours ; le *Mois* est d'une trentaine de jours, qui fait plus de 4 semaines ; l'*Année* est de 12 mois ; enfin, le *Siècle* est de 100 ans.

89. Maintenant, tâchons d'expliquer ce que c'est le Jour. Le *Jour* ? c'est le temps qu'il faut au Soleil pour marquer deux fois de suite l'heure de Midi dans le même endroit. Il y a bien aussi ce qu'on appelle ordinairement le *Jour* et la *Nuit*, pour désigner le moment de la *lumière* et de l'*obscurité* ; mais la durée n'en est pas égale, et vous savez bien qu'en été les jours sont plus longs qu'en hiver.

90. L'*Année commune* ou *civile* se compose ordinairement de 365 jours ; mais elle devrait avoir environ 6 heures de plus de 365 jours ; alors, à cause de ces 6 heures-là, tous les 4 ans, l'année se compose de 366 jours, et se nomme *bissextile* ; et le mois de février a 29 jours, au lieu de 28 : cependant la dernière année de chaque siècle n'est bissextile que tous les 4 siècles.

91. Les **7 Jours** de la Semaine se nomment *Lundi, Mardi, Mororodi, Joudi, Vendredi, Samedi,* et *Dimanche.*

C'est Dieu qui a établi la Semaine, dès la création du Monde. L'Écriture sainte nous apprend qu'il créa le Monde en 6 jours et se reposa le septième.

92. Les 12 **Mois** de l'Année se nomment

Janvier, Février, Mars, Avril, Mai, Juin, Juillet, Août, Septembre, Octobre, Novembre, Décembre.

Le mois de *Février* a 28 ou 29 jours; *Avril* et *Juin, Septembre* et *Novembre*, en ont 30, et les 7 autres mois en ont 31.

Ce qu'on appelle le *Quantième du Mois*, c'est le numéro du jour dans le mois où l'on se trouve. Ainsi, on dit: Nous sommes le 1er Avril, le 2, le 3....., etc.; le 25 Juillet....., etc.; partir le 18 Novembre; *se mettre sur son* 31, en langage familier.

93. Les **4 Saisons** de l'Année se nomment

le **Printemps**, l'**Été**, l'**Automne** et l'**Hiver.**

Le PRINTEMPS commence vers le 22 Mars; c'est le moment de l'*Équinoxe* du Printemps, parce que le jour est égal à la nuit. L'ÉTÉ commence vers le 22 Juin; c'est l'époque du *Solstice* d'Été, ou des *plus grands* jours de l'Année. L'AUTOMNE commence vers le 22 septembre, à l'*Équinoxe* d'Automne, quand le jour est égal à la nuit. Enfin, l'HIVER commence vers le 22 décembre, au *Solstice* d'Hiver : c'est l'époque des *plus petits* jours de l'Année.

94. Pour exprimer 3 *siècles* 256 *ans* 4 *mois* et 8 *jours* 15 *heures* 43 *minutes* 19 *secondes*, on écrirait en abrégé

$$3^s \quad 256^a \quad 4^m \qquad et \qquad 8^j \quad 15^h \quad 43' \quad 19''.$$

Ces nombres s'appellent *complexes;* ils renferment plusieurs espèces d'unités qui sont des parties les unes des autres. Au contraire, on appelle nombre *incomplexe*, celui qui ne contient qu'une seule espèce d'unité, comme les nombres concrets ordinaires. Par exemple, 4268 *heures*, 34807 *minutes*, 1246 *mois*.

95. Les *horloges*, les *pendules*, les *montres*, les *cadrans solaires*, servent à marquer le temps. Les *méridiens* marquent le *midi vrai;* les horloges bien réglées marquent ce qu'on appelle le *temps moyen*, comme on le compte maintenant.

Le *Jour* est produit par le mouvement de la Terre sur ellemême, et l'*Année* est produite par le mouvement de la Terre autour du Soleil. Ces deux mouvements différents ressemblent assez à ceux d'une toupie, qui a aussi un petit balancement sur son pivot, comme la Terre sur son axe.

96. On appelle *date* d'une année, le nombre qui marque son rang ou son numéro, à partir d'un moment, qu'on appelle *Ère.* L'*Ère* chrétienne commence à la naissance de notre Seigneur *Jésus-Christ.* La date se marque quelquefois en chiffres romains; voyez le commencement du livre.

97. On nomme *Almanach* ou *Calendrier*, un livre ou un ta-

-bleau, qui marque l'*année*, les *mois*, les *jours*, le nom des *saints*, les *fêtes*, les *saisons*, les *éclipses*, quelquefois les *foires*, et souvent une foule d'autres choses utiles pour la société. — Le Calendrier fut inventé par *Romulus*, modifié par *Numa*, corrigé par *Jules César*, et enfin réformé par le Pape *Grégoire XIII* : de là le Calendrier Grégorien.

98. ARCS et ANGLES. Pour mesurer les *Arcs de cercle* et les *Angles*, on partage un cercle en 4 parties égales, qu'on nomme *Quadrants*; chaque Quadrant en 90 degrés, ou le cercle tout entier en 360 degrés ; chaque degré en 60 *minutes*, et chaque *minute* en 60 *secondes*, et ainsi de suite, d'après une division *sexagésimale*. Quelquefois, on partage le Cercle en 400 parties égales ou *grades*; chaque *grade* en 100 *minutes*, et chaque *minute* en 100 *secondes* suivant une division *centésimale*. (Ne confondez pas les minutes et les secondes de temps.)

99. Un angle de 28 *degrés* est celui qui contiendrait entre ses côtés un arc de 28 *degrés*....., *etc.* — L'angle *droit* ou de 90 *degrés* est celui dont les deux côtés tombent d'aplomb l'un sur l'autre, comme les traverses des fenêtres ordinaires, comme les lignes qui font les carrés; voyez la Table de Pythagore. Le nombre 43 *degrés* 12 *minutes* 56 *secondes* s'écrirait ainsi 43⁰ 42′ 56″, et en division centésimale on mettrait 43⁰,1256.

100. TEMPÉRATURE. Pour mesurer la *Température*, c'est-à-dire la *chaleur* et le *froid*, on emploie les *degrés* d'un instrument de Physique, qu'on appelle un *Thermomètre*. — C'est un tube de verre qui renferme du mercure ou de l'esprit de vin rouge, et qui porte des distances égales, numérotées suivant une certaine loi, à partir d'un point marqué d'un *zéro*.

Au-dessus du 0 se comptent les degrés de chaleur, et au-dessous les degrés de froid ; et l'on juge la Température en regardant à quel endroit s'arrête le liquide dans le tube, parce qu'il y *monte* ou y *descend* suivant qu'il fait *plus* ou *moins* chaud.

101. On distingue ordinairement le Thermomètre de *Réaumur*, qui a 80 divisions, et le *Centigrade* qui en a 100, à partir du zéro. — Quand on dit qu'il fait une chaleur de 23 degrés ou un froid de 6 degrés, par exemple, c'est pour marquer que le liquide du Thermomètre est monté à 23⁰ au-dessus du zéro, ou est descendu à 6⁰ au-dessous de zéro.

QUATORZIÈME CONFÉRENCE.

CALCUL DES NOMBRES ENTIERS.

102. Mes Enfants, nous allons commencer le Calcul, ou la manière de faire des *opérations* d'Arithmé-

tique sur les nombres. Les opérations servent à *augmenter* et à *diminuer*, à *composer* et à *décomposer* les nombres les uns par les autres, et c'est ce qu'on nomme généralement *calculer*.

Il y a quatre opérations *fondamentales*, qui sont

l'Addition, la Soustraction, la Multiplication et la Division.

On les nomme *fondamentales*, parce qu'elles servent de *fondement* ou de base à toutes les autres.

103. Vous verrez que la Soustraction est l'*inverse* de l'Addition; la Division est l'*inverse* de la Multiplication. Ensuite, la Multiplication est une Addition *abrégée*, et la Division est une Soustraction *abrégée* dans un cas particulier de nombres égaux. Du reste, toutes les opérations proviennent de la Numération, quand on veut *augmenter* ou *diminuer* un Nombre, et quand on veut le rendre 10 fois, 100 fois, plus *grand* ou plus *petit*.

104. Mes Enfants, pour bien comprendre une Opération, il faut savoir à quoi elle *sert;* comment on la *fait;* comment on l'*explique;* enfin, comment on la *vérifie*. Ces quatre parties principales sont la *Définition* ou Usage, la *Règle* ou Pratique, l'*Explication* ou Démonstration, et l'*Epreuve* ou Vérification du Résultat. Appliquez-vous bien, je vous en prie, à la *Pratique* du Calcul, pour résoudre facilement toutes les Questions d'Arithmétique dont on a besoin à chaque instant. Quant aux Raisonnements ou à la *Théorie*, vous verrez que votre *simple bon sens* pourra le plus ordinairement vous suffire.

ADDITION.

105. Mes Enfants, quand je *compte* 5 doigts avec 3 doigts, pour les réunir, ce qui fait 5 et 3, ou bien 8; c'est une *Addition* que je fais. Alors,

Définition. L'Addition est une opération qui sert à réunir plusieurs nombres de même espèce en un seul, qu'on appelle *Somme* ou *Total*. (On dit aussi *Montant* pour les sommes d'argent.) — La somme est de même espèce que les nombres donnés. Ainsi, 5 *heures* et 3 *heures* font 8 *heures;* 5 *francs* et 3 *fr.* font 8 *fr.,* 5 *dizaines* et 3 *diz.* font 8 *diz.;* ou pourrait dire aussi que 5 *mouches* et 3 *fourmis* font 8 *insectes*.

106. Indication. L'Addition *s'indique* par le signe *plus* (+). C'est une petite croix + qu'on place à gauche des nombres qu'on doit ajouter. Ainsi, pour indiquer l'Addition entre 5 et 3, on met 5 + 3; on l'énonce 5 *plus* 3, et cela signifie 5 *augmenté* de 3, ou 3 *ajouté* à 5. Pour indiquer que 5 et 3 font 8, on emploie le signe *égale* (=), et l'on pose 5 + 3 = 8; ce qui signifie que 5 *plus* 3 *égale* 8. De même 5 + 3 + 4 = 12 s'énonce 5 *plus* 3 *plus* 4 *égale* 12.

107. Pratique. Pour *pratiquer* facilement l'Addition en général, il faut s'exercer à ajouter *par cœur* un chiffre quelconque avec un autre; et voici pour cela une petite

TABLE D'ADDITION.

Sens des rangées horizontales. →

0	1	2	3	4	5	6	7	8	9
1	2	3	4	5	6	7	8	9	10
2	3	4	5	6	7	8	9	10	11
3	4	5	6	7	8	9	10	11	12
4	5	6	7	8	9	10	11	12	13
5	6	7	8	9	10	11	12	13	14
6	7	8	9	10	11	12	13	14	15
7	8	9	10	11	12	13	14	15	16
8	9	10	11	12	13	14	15	16	17
9	10	11	12	13	14	15	16	17	18

Sens des colonnes verticales.

On forme cette Table en mettant tous les chiffres depuis 0 jusqu'à 9; puis au-dessous, tous les nombres depuis 1 jusqu'à 10, puis au-dessous, tous les nombres depuis 2 jusqu'à 11....., et ainsi de suite, depuis 9 jusqu'à 18, en comptant par simple Numération.

108. Dans la Table d'Addition, la somme de deux chiffres est toujours dans la case où se *croisent* la rangée horizontale et la colonne verticale qui commencent par les deux chiffres proposés. Ainsi, par exemple :

$$5 \text{ et } 3 \text{ font } 8 \qquad 9 \text{ et } 4 \text{ font } 13$$

Alors, pour étudier cette Table, il faut ajouter séparément chacun des chiffres de la 1re colonne, avec chacun des chiffres de la 1re rangée, et l'on trouve toujours la somme dans une case correspondante aux deux cases d'où l'on part. Exemple :

1 et 1 font 2; 1 et 2 font 3; 1 et 3 font 4.....;
2 et 1 font 3; 2 et 2 font 4; 2 et 3 ..... 5.....;
3 et 1 font 4; 3 et 2 font 5; 3 et 3 ..... 6.....

Et ainsi de suite jusqu'à

9 et 1 font 10; 9 et 2 ..... 11; 9 et 3 ..... 12....., etc.

109. Remarquez qu'une même somme provenant de deux chiffres quelconques, peut toujours se faire de plusieurs manières différentes. Ainsi, par exemple : 8 égale $1 + 7 = 2 + 6 = 3 + 5 = 4 + 4 = 5 + 3 =$, etc.

Repassez alors la Table d'Addition, en disant 1 et 2, ou 2 et 1 font 3; 1 et 3, ou 3 et 1 font 4..... 2 et 3, ou 3 et 2 font 5....., et ainsi de suite.

En ajoutant 0 avec les autres chiffres, on voit que 0 et 0 font 0; ensuite 0 et 1 ou 1 et 0 font 1; 0 et 2 ou 2 et 0 font 2....., etc. C'est ainsi que l'on dirait 2 avec rien, ou rien avec 2, cela fait 2 tout simplement. Ainsi, retenez bien qu'un Nombre n'augmente pas, quand on y ajoute 0, ou rien.

110. Remarquez enfin que, dans la Table d'Addition, la rangée diagonale, qui va de 0 à 18, contient le double de chaque

que chiffre. Ainsi 2 est le double de 1 ; 4 est le double de 2..., et 18 est le double de 9. Tous ces nombres se nomment des nombres *Pairs*, parce qu'ils peuvent se partager chacun en *deux* parties égales. Ex. :

$2=1+1$ ou 2 fois 1 font 2 ; $4=2+2$ ou 2 fois 2 font 4 ; $6=3+3$ ou 2 fois 3 font 6....., et ainsi de suite.

111. Maintenant, faisons une Addition. Ajoutons, par exemple, 4365, 2013 et 501, comme pour savoir combien il y a de monde dans trois villages, en supposant 4365 habitants dans le 1er, 2013 dans le 2e, et 501 dans le 3e. Pour cela, je pose ainsi les nombres donnés, les uns sous les autres ; je souligne le dernier, et j'*ajoute*

ADDITION.

à partir d'en haut et de la droite, en disant : 5 et 3 font 8, et 1 font 9, que je pose au-dessous. Puis, 6 et 1 font 7. Ensuite, 3 et 5 font 8 ; enfin, 4 et 2 font 6 ; et la somme totale est 6879. On pourrait dire alors qu'il y a 6879 habitants dans les 3 villages.

4365
2013
 501
————
6879

Pour *vérifier*, je dis, en recommençant par en bas : 1 et 3 font 4, et 5 font 9 ; 1 et 6 font 7 ; 5 et 3 font 8 ; enfin, 2 et 4 font 6. La somme est encore 6879, comme auparavant ; alors, cela me fait penser que j'ai bien opéré.

Prenons un autre exemple ; je le pose de même, et je dis : 8 et 9 font 17, et 6 font 23 ; en 23, je pose 3 unités, et je *retiens* 2 dizaines. Ensuite, 2 de *retenue* et 5 font 7, et 1 font 8 et 2 font 10 ; je pose 0 et retiens 1. Puis, 1 et 6 font 7, et 2 font 9 ; enfin, 7 et 8 font 15 ; et la somme est 15903, comme on peut le vérifier.

7658
 219
8026
—————
15903

QUINZIÈME CONFÉRENCE.

SUITE DE L'ADDITION.

112. Voici pour l'Addition des Nombres entiers la **Règle générale.** — Pour faire l'*Addition* de plu-

ADDITION.

OPÉR.

Différents nombres proposés.

Somme.

ÉPREUV.

sieurs Nombres entiers quelconques, on les pose d'abord les uns sous les autres, de manière que les unités soient sous les unités, les dizaines sous les dizaines...., etc.; puis, on souligne le dernier Nombre. — Ensuite, on ajoute, à partir de la droite, et de haut en bas, tous les chiffres significatifs de la 1re colonne, puis de la 2e, de la 3e....., etc., en posant au-dessous de chacune d'elles la somme trouvée, si elle ne surpasse pas 9. Mais, si elle surpasse 9, on pose seulement les unités de la colonne, ou zéro, si elle n'en a pas, et l'on *retient* les dizaines, pour les ajouter de suite aux unités de la colonne suivante. On continue ainsi jusqu'à la dernière colonne, sous laquelle on pose la somme telle qu'on l'a trouvée.

113. Explication. En additionnant toutes les Unités, puis toutes les dizaines, ensuite toutes les centaines....., etc., des Nombres proposés, c'est bien certainement comme si on les ajoutait *tout entiers* eux-mêmes. Et il faut généralement commencer l'Addition par la *droite*, à cause des *retenues* qu'on est souvent obligé de faire, dans le cours de l'opération.

114. Épreuve. Pour faire l'Epreuve de l'Addition, c'est-à-dire, pour en *vérifier* le résultat, il suffit de refaire l'opération de bas en haut, mais toujours par la droite; et l'on *doit* retrouver la même somme qu'auparavant, si l'on ne se trompe nulle part. — Alors, quand on le retrouve, il est *très-probable* qu'on ne s'est pas trompé; mais, si on ne le retrouve pas, on est *bien sûr* d'avoir commis quelque faute de calcul, et il faut le recommencer avec plus d'attention.

115. Faites et vérifiez les Additions suivantes :

6 3 0 9	7 3 5 8	5 0 0 4 0	3 0 1 7
5 7 8	6 1 4 4	1 0 0 6 0	3 0 1 7
8 9 6 7	9 7 3 9	2 0 0 0 0	3 0 1 7
4 7 8 6	6 7 5	6 0 0 2 0	3 0 1 7
20 6 4 0	2 3 9 1 6	1 4 0 1 2 0	1 2 0 6 8

Exercez-vous aussi à faire des *Additions*, sans poser les nombres les uns sous les autres : cela peut servir quelquefois, dans les contributions, par exemple.

116. CAS PARTICULIERS. — Lorsque, dans l'Addition, il y a des colonnes tout entières de *zéros*, on pose zéro au-dessous de chacune, à moins que l'on n'ait à y mettre des retenues de la colonne précédente. Voyez la somme 140120, et cherchez de même la somme des 8 nombres qui suivent 30050210002.

117. Quand les nombres proposés sont *égaux*, on peut observer que la somme contient l'un d'eux autant de fois qu'il y a de nombres à ajouter. Ex. 12068 = 4 fois 3017, ou 3017 *multiplié* par 4 ou répété 4 fois. Cherchez de même combien font 10 fois 8326 ; ensuite 40 fois 9215 ; 800 fois 1743 ; puis 60000 fois 5429 ; enfin 4352 fois 16487. — Exercez-vous aussi à ajouter 10 fois de suite chacun des 10 premiers Nombres à lui-même, en disant, par exemple, 2 et 2 font 4, et 2 font 6, et 2 font 8....., etc. 3 et 3 font 6, et 3 font 9, et 3 font 12; .....

118. Quand il y a de *grandes colonnes* de Nombres à ajouter, on peut additionner les 8 ou 10 premiers, puis les 8 ou 10 suivants, et ainsi de suite ; et réunir enfin toutes les sommes partielles. Dans le Commerce, on met les mots *à reporter* au bas de chaque page additionnée, et l'on écrit le total en tête de la page suivante, avec le mot *Report*. De cette manière, chaque page peut se vérifier en quelque sorte séparément. Ainsi, par ex.

	4078	Report.	6735	Report.	7453
	219		415		120
	526		208		819
	1912		95		5036
A reporter.	6735	A reporter.	7453	Total.	13428

Exercez-vous à chercher la somme des 50 nombres entiers qui suivent 46897, en faisant d'abord 6 additions, ensuite 4, ensuite 2, enfin par une seule addition.

119. Mes Enfants, avec l'Addition et la Numération, vous pouvez déjà résoudre bien des questions. En général, pour *résoudre* une question d'Arithmétique, il faut poser à part et sur une ligne tous les Nombres qu'on donne ; puis, on examine avec attention ce qu'on demande (et il est bon de l'indiquer par quelque grande lettre initiale) ; ensuite, on fait et l'on vérifie de son mieux les opérations que le *simple bon sens* a conseillé tout naturellement d'effectuer. — Je vais prendre un exemple.

120. Résolvons ensemble une petite Question.

Énoncé. *Quelle est la* Population totale *de* 3 *villages,
sachant que le* 1er *a* 4365 *habitants ; le* 2e, 2013, *et le* 3e, 501?

P . . . . 3.   1er 4365h   2e 2013h   3e 501b.

4365
2013
501
———
6879

Solution. On voit bien que pour trouver cette Population totale, il faut réunir les 3 populations données. J'ajoute donc les nombres qui les marquent. Je trouve 6879 ; alors, j'en conclus qu'il y a en tout 6879 habitants. Enfin, si l'on veut rappeler le résultat par une indication, je désigne par la lettre P la Population cherchée, et je pose P = 4365 + 2013 + 501 = 6879 habitants.

121. Il faudrait encore faire la même Addition, si l'on voudrait savoir combien il y a de *volumes* dans 3 bibliothèques, dont la 1re aurait 4365 vol., la 2e 2013, et la 3e 501. Total 6879 volumes. — Combien un Banquier a-t-il *perdu* en 3 jours ; le 1er, il a perdu 4365 francs ; le 2e, 2013 francs, et le 3e, 501 francs? — Total 6879 fr. — Enfin, combien y a-t-il d'*objets* de curiosités dans un cabinet d'Histoire naturelle, sachant qu'il possède 4365 insectes, 2013 oiseaux et 501 coquillages? — Total 6879 objets d'espèces différentes.

Vous voyez alors qu'on additionne les nombres *concrets* donnés, comme s'ils étaient *abstraits*; et qu'on trouve leur total, sans avoir besoin de s'inquiéter de leur nom particulier, pourvu que le simple bon sens puisse leur donner une dénomination *commune*.

122. *Voici quelques Problèmes à résoudre.*

I. Un Enfant de 8 ans entre en pension, y reste 7 ans, et il meurt 4 ans après. Quel était son âge? — Réponse : 19 ans.

II. Combien doit-il y avoir d'Élèves dans une classe, qui renferme 18 pensionnaires et 3 rangées de 14 externes? — Réponse : 60 Élèves.

III. Combien y a-t-il de jours dans 6 années de 365 jours, ensuite dans 60 ans ; enfin, combien d'heures dans 6000 ans? — Rép. 2190j 21900j et 52560000h.

IV. Quel est le prix de 6328 rames de papier à 5 francs la rame? — Rép. 31640 fr.

V. Le *son*, ou le bruit du Tonnerre, par exemple, parcourt 340 mètres par seconde; quelle distance parcourrait-il en une minute, et ensuite en 5 minutes? — Rép. 20400m. et 102000m.

VI. Une Demoiselle avait 150 fr. ; elle en dépense 14 pour un chapeau, 27 pour une robe, 13 pour un camail, 8 pour un corset; et elle achète 3 paires de souliers de 5 fr., avec un petit nécessaire de 12 fr. ; alors, combien a-t-elle de moins dans sa bourse? — Rép. 89 fr.?

VII. Partager 42 pièces de 20 fr. entre 35 pauvres; combien chacun aura-t-il d'argent? — Rép. 24 fr.

VIII. Clermont a 32427 habitants; si une 2e ville était 4 fois plus peuplée que Clermont, et si 3 villes étaient encore 5 fois plus peuplées que la 2e, quelle serait la population totale de toutes ces villes ? — Rép. 2107755 habit.

IX. Une Élève a dépensé 460 fr. pour sa pension, 219 fr. pour sa toilette, 150 fr. pour le piano, 125 fr. pour le dessin, 96 fr. pour la danse, 30 fr. pour des aumônes, enfin 43 fr. pour quelques menues dépenses. Si cela continue ainsi pendant 7 ans, cette Élève aura-t-elle coûté plus de 5 à 6 mille fr. à ses parents ? — Rép. 7861 fr., ou environ 8000 fr.

X. Une Cuisinière achète pour 17 sous de beurre, 4 sous de lait, 56 sous de viande, 23 sous de fromage, 18 sous d'œufs, 6 sous de jardinage, et 32 sous de volaille, combien a-t-elle dépensé, en comptant que le franc vaut 20 sous, et que le sou vaut 5 centimes ? — Rép. 7 fr. 16 sous ou 7 fr. 80 cent.

XI. La cathédrale de Clermont a 60 mètres de hauteur, et la grande Pyramide d'Égypte en a 146. Combien de fois environ faudrait-il la hauteur de ces deux monuments pour égaler celle du mont Hymalaya qui a 7821^{m} ? — Rép. 37 à 38 fois.

XII. En faisant 5 kilomètres par heure, et marchant 12 heures par jour, faudrait-il bien du temps à un homme pour faire le tour du monde, dont le quart contient 10 millions de mètres ? — Réponse : 666 jours ou 1^{a}. 10^{m}. et 1^{j}. plus 8^{h}.

SEIZIÈME CONFÉRENCE.

SOUSTRACTION.

123. Mes Enfants, quand on ajoute 5 et 3, on fait une Addition, et l'on trouve 8 pour Somme. Mais si l'on ôte 3 de 8 pour retrouver 5, l'opération s'appelle une *Soustraction.* Alors,

Définition. La *Soustraction* est une opération par laquelle on ôte un Nombre d'un autre de même espèce. (Elle sert encore à trouver l'une des deux parties d'une somme, quand on connaît cette somme et l'autre partie.) Le Résultat de la Soustraction se nomme *Reste,* ou *Différence, Excès, Excédant, ou Surplus,* et il est toujours de même espèce que les Nombres donnés.

124. **Indication.** La Soustraction s'indique par le signe *moins;* c'est un petit trait horizontal (—) que l'on place à gauche du Nombre à soustraire. Ainsi, 8—3 s'énonce 8 *moins* 3, et signifie 8 *diminue* de 3, ou 3 sous-

trait de 8 : le Reste est 5; alors, 8—3=5. Donc 5 est la différence entre 8 et 3; mais 8 a 5 unités de *plus* que 3, et, au contraire, 3 a 5 unités de *moins* que 8.

125. Pratique. Pour *pratiquer* commodément la Soustraction, il faut reprendre la Table d'Addition (nᵒ 107), et puis soustraire le 1ᵉʳ chiffre de chaque rangée horizontale de chacun des Nombres de la même rangée, et l'on trouve le *Reste* en tête de la colonne verticale correspondante. Ainsi, par exemple :

$$5 \qquad\qquad 9$$

3 . . . . de . . . . 8 | reste   4 . . . . de . . . . 13 | reste

Exercez-vous alors en disant, dès le commencement :

0 de 0 reste 0; 0 de 1 reste 1; 0 de 2 reste 2.....;

ou bien *rien de rien*, reste *rien*; *rien* de 1 reste 1; *rien* de 2, reste 2....., etc.;

1 de 1 reste 0; 1 de 2 reste 1; 1 de 3 reste 2.....;

2 de 2 reste 0; 2 de 3 reste 1; 2 de 4 reste 2.....;

et ainsi de suite jusqu'à

9 de 9 reste 0; 9 de 10 reste 1.....; et 9 de 18 reste 9.

126. Maintenant, faisons une Soustraction. Retranchons, par exemple, 43 de 68, comme pour savoir ce qui reste d'une somme de 68 francs, quand on en dépense 43. — Pour cela, je place ainsi le plus grand Nombre 68, puis au-dessous le plus petit, et je le souligne. Ensuite, je soustrais, de droite à gauche, en disant : 3 de 8, reste 5, que je pose; puis, 4 de 6, reste 2; et le résultat est 25. — Vérifions, en additionnant : 5 et 3 font 8; 2 et 4 font 6; je retrouve bien 68, ce qui devait être, si 25 est ce qui manque à 43 pour refaire la somme 68.

SOUSTRACTION.

68
43
—
25

Ainsi, quand on a 68 francs, si l'on en dépense 43, il en reste 25. De même, si l'on devait 68 fr., et qu'on en payât 43, on n'en devrait plus que 25. Enfin, entre un homme de 68 ans et son fils de 43, il y aurait 25 ans de différence; mais remar quez bien que le père aurait 25 ans de *plus* que son fils, et qu'au contraire, le fils aurait alors 25 ans de *moins* que son père. --

127. Règle. Pour faire la *Soustraction* de deux Nombres entiers, on pose d'abord le plus grand Nombre; puis on met le plus petit sous le plus grand, en plaçant les unités sous les unités, les dizaines sous les dizaines....., etc., comme dans l'Addition, et l'on souligne le plus petit nombre. — Ensuite, on soustrait, à partir de la *droite*, chaque chiffre du plus petit Nombre, du chiffre qui est au-dessus; et l'on pose le reste au-dessous, quand les chiffres du plus petit Nombre ne surpassent pas ceux qui leur correspondent.

SOUSTRACTION.

Opér.

plus grand Nombre.
plus petit Nombre.

Reste ou Différence.

ÉPREUVE.

128. Explication. En soustrayant toutes les unités, toutes les dizaines....., etc., du plus petit nombre, des unités, dizaines....., du plus grand, c'est bien certainement comme si l'on retranchait *tout* le plus petit nombre de *tout* le plus grand.

129. Épreuve. Pour faire l'*Épreuve* de la Soustraction, ou pour en vérifier le résultat, il suffit d'ajouter (de bas en haut) le reste avec le plus petit nombre, et l'on *doit* exactement retrouver le plus grand, si l'on a bien opéré partout.

130. Cas particuliers. Quand deux chiffres correspondants sont *égaux* dans la Soustraction, en les ôtant l'un de l'autre, il ne reste *rien*, et l'on pose *zéro* (Voyez les exemples qui suivent). — Lorsqu'il y a plusieurs zéros de *reste* à gauche du résultat, on ne les met pas, parce qu'ils ne servent à *rien*; mais on garde les autres qu'il pourrait y avoir. — Si les deux Nombres proposés sont *égaux*, ils n'ont point de différence; alors on met simplement un *zéro* au résultat, pour marquer qu'il ne reste *rien*.

Faites et vérifiez les Soustractions suivantes :

2648	37045	801940	60853
145	32015	800340	60853
2503	5030	1600	0

DIX-SEPTIÈME CONFÉRENCE.

SUITE DE LA SOUSTRACTION.

131. Dernier cas. *Lorsqu'un chiffre inférieur surpasse le chiffre supérieur correspondant,* on ajoute une dizaine à ce chiffre supérieur, pour faciliter la Soustraction, et l'on retranche; mais on *retient cette dizaine* pour la joindre de suite au chiffre inférieur à gauche. Puis on continue en opérant de la même manière. On voit bien alors qu'il faut commencer par la droite, à cause des dizaines qu'on ajoute et qu'on reporte. — Ainsi,

pour soustraire 58 de 792, au lieu de dire 8 de 2,
je dis 8 de 12, reste 4, et je retiens 1, c'est-à-
dire 1 dizaine; ensuite, 1 et 5 font 6, et 6 de 9,
reste 3; enfin, *rien* de 7, reste 7, et le reste est
donc 734. Vérifions : 4 et 8 font 12, je pose 2, et

$$\begin{array}{r} 792 \\ 58 \\ \hline 734 \end{array}$$

retiens 1 ; 1 et 3 font 4, et 5 font 9; enfin, je pose 7, et je retrouve le plus grand nombre 792.

132. Quand on ajoute *une dizaine* au plus grand nombre, et ensuite *une dizaine* au plus petit, ils augmentent tous deux de la même quantité, et alors ils conservent la même différence. Par exemple, Adolphe a 10 ans, Delphine en a 6, ce qui fait 4 ans de différence; hé bien! l'année prochaine, dans 2 ans, 3 ans ...., et toujours tant qu'ils vivront, ils auront 4 ans de différence, parce que les deux âges s'augmentent *également.*

133. Faites et vérifiez les Soustractions suivantes :

$$\begin{array}{rrrr} 3752 & 5308 & 201030 & 10000100 \\ 1803 & 4567 & 190432 & 9983750 \\ \hline 1949 & 741 & 10598 & 16350 \end{array}$$

Exercez-vous aussi à faire des Soustractions, quand même le plus petit Nombre serait placé sur le plus grand, ou même quand les deux nombres ne seraient pas posés l'un sous l'autre : c'est quelquefois utile.

134. SOUSTRACTIONS SUCCESSIVES. En soustrayant un nombre d'un autre, puis le même nombre du reste, et ainsi de suite, on peut trouver *combien de fois* un nombre en contient

1287
—429
——
858
—429
——
429
—429
——
0

un autre. Ainsi, on trouve que 1287 contient exactement 3 fois 429; alors, 1287, partagé ou *divisé* en 3 parties égales, donnerait 429 pour chacune; cela nous conduira plus tard à la *Division*. — Cherchez aussi combien il y a d'années de 365 Jours dans 3289 et dans 6000 j. — Partagez également 5792 fr. entre 724 personnes; enfin, cherchez le prix d'un volume, sachant que 146 volumes coûtent 1241 fr.

135. On peut soustraire *tout d'un coup* plusieurs nombres d'un seul, en ajoutant *par en bas* chaque colonne, et retranchant du chiffre supérieur, mais en ayant soin de l'augmenter d'autant de *dizaines* qu'il faut pour soustraire; et l'on retient ces *dizaines-là* pour les joindre à la colonne suivante.

6031
—1738
— 845
— 964
——
2434

Ex. 4 et 5 font 9, et 8 font 17, de 21, reste 4, et je retiens 2; ensuite, 2 et 6 font 8, et 4... 12, et 3... 15, de 23, reste 8, et je retiens 2....., etc. Pour *vérifier* le Résultat, il suffit de l'ajouter (par en bas) avec tous les nombres qu'on a soustraits, et l'on *doit* retrouver le plus grand, si l'on ne s'est trompé nulle part.

Exercez-vous à soustraire tout d'un coup 3 fois 429 de 1287; ensuite, 4 fois 8067 de 32208; enfin, 9 fois 1253 de 16201.

136. **BALANCE.** Dans le Commerce, pour faire la *Balance* d'un compte, on ajoute les *gains* ou *bénéfices* avec ce qu'on a: c'est l'AVOIR ou l'*Actif*; ensuite, on ajoute les *pertes* ou les *dettes*; c'est le DOIT ou le *Passif*; puis, on compare le *Doit* et l'*Avoir*, pour savoir la différence. — Ex. J'avais 1459 fr., j'en donne 287; j'en gagne 948; j'en reçois 1584; j'en perds 824; j'en gagne encore 62, et j'en dépense 1735; comment faire la Balance du compte?

On aurait 1459 — 287 + 948 + 1584 — 824 + 62 — 1735 :

Avoir.	*Doit.*	*Balance.*	
1459	287	4053	avoir.
948	824	2846	doit.
1584	1735		
62			
4053	2846	1207	*boni* ou gain.

Balancer les comptes suivants:

Avoir.	*Doit.*		*Avoir.*	*Doit.*
2983	217		629	4987
46	396		1753	876
269	2685		4982	5475
BALANCE EXACTE.			DÉFICIT ou EXCEDANT DE PERTE.	

137. Résolvons ensemble une petite Question.

Énoncé. J'avais 68 francs; j'en dépense 43; combien m'en *Reste*-t-il?   68 fr.   43 fr.   R

Solution. On voit bien que pour trouver ce *Reste*,
il faut soustraire 43 de 68; je trouve 25 pour
résultat, et j'en conclus qu'il *reste* 25 fr.,
comme on peut le vérifier. — On pourrait
dire encore : si l'on savait ce qui *reste*, il faudrait l'ajouter avec 43 pour faire 68. Donc 68
est une somme ; 43 est une partie, et le *reste*
cherché est l'autre partie. — Enfin, pour retracer la
Solution par une indication, je désigne le *Reste* inconnu
par R, et je pose R = 68 — 43 = 25 fr.

$$\begin{array}{r} 68 \\ 43 \\ \hline 25 \\ \hline \end{array}$$

128. *Voici quelques Problèmes à résoudre :*

I. Napoléon est né en 1769, et il est mort en 1821, combien
a-t-il vécu? — Réponse : 52 ans.

II. Une jeune personne a 6 ans de plus que son frère, âgé
de 7 ans; dans combien de temps la demoiselle aura-t-elle 15 ans
de moins que ce qu'aurait son frère dans 50 ans d'ici? — Réponse: 29 ans.

III. Un fermier me devait 463 fr. ; il m'apporte 186 fr., avec
un agneau de 12 fr., et 3 poulardes que je lui prends à 5 fr.
pièce, plus 8 *hectol.* de blé à 17 fr.; combien me doit-il encore?
— Rép. 114 fr.

IV. Le puy de Dôme a 1465ᵐ de hauteur au-dessus de la
mer, et le Mont-Blanc en a 4810; quelle différence y a-t-il
entre eux, et que manque-t-il au plus petit pour surpasser
l'autre de 3 fois la hauteur du Liban, qui a 2906ᵐ? — Réponse : 3345ᵐ et 12063ᵐ.

V. J'avais 1264 volumes; j'en donne 3 fois de suite 26; j'en
achète 2 fois 57; j'en perds 14; j'en reçois 129; enfin, j'en
vends 196; alors, combien en ai-je de *plus* qu'auparavant? —
Rép. 45 vol. de *moins*.

VI. Partager entre 56 enfants 8 paniers contenant chacun
14 douzaines d'œufs? — Rép. 24 œufs ou 2 douzaines.

VII. Y a-t-il autant de temps depuis 5 heures du matin jusqu'à 8 heures du soir, que depuis 8 heures du soir jusqu'à
5 heures du matin? — Rép. Non, 6 heures de différence.

VIII. Combien y a-t-il d'années ordinaires dans 7214 jours?
— Rép. 19 ans 9 mois 9 jours.

IX. Quel est le prix d'un stère de bois d'orme, sachant que
683 stères ont coûté 11620 fr., y compris 9 fr. qu'on veut bien
donner au domestique du marchand? — Rép. 17 fr.

X. Un vigneron achète tous les ans 45 milliers d'échalas
à 28 fr., et me les revend à 30 fr. Ensuite, il m'achète chaque

année 2400 pots de 15 litres de vin, à 4 sous le litre, quoique je puisse le vendre 6 sous. Alors, au bout de 10 ans, combien le vigneron aura-t-il gagné avec moi? — Rép. 3690 fr.

XI. Un Épicier m'a vendu 4 fois de suite 23$^{Kilog.}$ 57$^{décagram.}$ de riz, sans songer à faire la *tare*, ou la déduction du poids du sac, qui pèse 689^{grammes}; alors, combien ai-je acheté de riz, et que manque-t-il pour faire un quintal? — Réponse: 91$^{Kilog.}$ 524$^{g.}$ et 8$^{kilog.}$ 476$^{g.}$

XII. Un Père de famille achète 49^m d'étoffe pour sa maison; il en donne 5^m 18$^{centim.}$ à chacun de ses 3 fils aînés, ensuite 3^m 75$^{centim.}$ à chacun des 2 plus jeunes; il en prend pour lui 2^m 80$^{centim.}$ de plus qu'à chaque aîné; alors, lui en restera-t-il encore autant qu'il en a employé? — Réponse: Non, 13^m 16$^{centim.}$

DIX-HUITIÈME CONFÉRENCE.

MULTIPLICATION.

139. Mes Enfants, quand je dis 5 et 5 font 10, ou 2 fois 5 font 10, je fais une Addition de nombres *égaux;* je répète 2 fois 5, ou je *multiplie* 5 par 2, et cela s'appelle une *Multiplication*. Alors,

Définition. La **Multiplication** est une opération par laquelle on *prend* un nombre autant de fois qu'il y a d'unités dans un autre. — Ainsi, *multiplier* 8 par 3, c'est prendre 3 fois 8, ce qui donne 24. On appelle *Multiplicande* le nombre qu'on doit multiplier; on nomme *Multiplicateur* le nombre par lequel on multiplie; enfin, on appelle toujours *Produit* le résultat de la Multiplication. Ainsi, en multipliant 8 par 3, ce qui donne 24, le nombre 8 est le *Multiplicande*, 3 est le *Multiplicateur*, et 24 est le *Produit*.

Le Multiplicande et le Multiplicateur se nomment encore les *Facteurs* du Produit, parce qu'ils servent à le *faire*. Enfin, le Produit est nommé un *Multiple* de ses facteurs, et les facteurs sont des *Sous-Multiples* du Produit. Ainsi, quand on dit 3 fois 8 *font* 24, le Produit 24 est un *multiple* de 3 et de 8; et, au contraire, les nombres 3 et 8 sont des Facteurs ou des *Sous-Multiples* de 24.

140. *Doubler, tripler, quadrupler.....*, *décupler, centupler* un nombre, c'est le multiplier par 2, ou par 3, par 4.....,

par 10 ou par 100; et le Produit est ce qu'on appelle le *double*, le *triple*, le *quadruple*......, le *décuple*, le *centuple* du nombre proposé. Ainsi 12 est le double de 6, le triple de 4......, etc.

141. Quand on multiplie 8 par 3, ce qui donne 24, on voit bien que 8 est devenu 3 fois plus grand, puisqu'il devient 24; et de plus, le Produit 24 se compose avec 8, en prenant 3 fois le multiplicande 8, comme le multiplicateur 3 se forme avec l'unité, en prenant 3 fois l'unité. Alors, en général, la Multiplication sert à former un Nombre, appelé *Produit*, qui se compose avec le Multiplicande, comme le Multiplicateur se compose avec l'Unité; ainsi, le *Produit* est relativement au *Multiplicande*, comme le *Multiplicande* est relativement à l'*Unité*.

142. Produit. Le Produit est toujours de même nature que le Multiplicande dont il provient, et le Multiplicateur est *abstrait*.

Ainsi, 3 fois 8 *mètres* font 24^m; 3 fois 8 *jours* font 24^j; De même, 3 fois 8 *dizaines* font 24^{diz}......, et ainsi de suite.

Quand on dit 3 *mètres* multipliés par 8 *mètres* font 24 *mètres-carrés*, c'est pour indiquer *en abrégé* qu'une surface tracée carrément, et ayant 3^m de largeur, par exemple, sur 8^m de longueur contient 3 fois 8 ou 24 *mètres-carrés*.

143. Indication. La Multiplication s'*indique* par le signe *multiplié par* : c'est une petite croix × en forme d'X, ou même simplement un gros point (.) qu'on place à gauche du multiplicateur. Ainsi, pour indiquer 8 *multiplié par* 3, ou 3 fois 8, on pose indifféremment 8×3 ou 8.3 = 24. De même, 8.3.2 signifie 8×3, ce qui fait 24, et encore ×2, ce qui donne 48.

144. Pratique. Pour bien *pratiquer* la Multiplication en général, il faut savoir par cœur le produit d'un chiffre quelconque par un autre. Par exemple, 3 fois 8 font 24; 7 fois 6 font 42; 9 fois 4 font 36......, etc., et ainsi de suite, jusqu'à 10 fois 10 font 100.

Cela s'apprend à l'aide d'un Tableau ou *Livret* qu'on appelle *Table de Pythagore*, du nom de son inventeur; elle sert à la Multiplication et à la Division, et il faut la savoir parfaitement, et dans un ordre quelconque.

145. Pour faire la *Table* de Pythagore, on met d'abord les 10 premiers nombres sur une ligne horizontales, puis on les *ajoute* à eux-mêmes, pour les avoir 2 fois, et l'on pose les résultats sur une 2e ligne; puis, on ajoute les Nombres de la 2e rangée avec ceux de la 1re, pour les avoir 3 fois, et on les pose sur une 3e ligne......, et ainsi de suite, jusqu'à la dernière rangée.

TABLE DE PYTHAGORE.

Sens des rangées horizontales.

1	2	3	4	5	6	7	8	9	10
2	4	6	8	10	12	14	16	18	20
3	6	9	12	15	18	21	24	27	30
4	8	12	16	20	24	28	32	36	40
5	10	15	20	25	30	35	40	45	50
6	12	18	24	30	36	42	48	54	60
7	14	21	28	35	42	49	56	63	70
8	16	24	32	40	48	56	64	72	80
9	18	27	36	45	54	63	72	81	90
10	20	30	40	50	60	70	80	90	100

La 1re Rangée est la ligne des Multiplicandes, et la 1re Colonne est la ligne des Multiplicateurs. En sorte que, pour avoir le produit de 2 par les 10 premiers nombres, je lis la 2e colonne, en disant successivement 1 fois 2 fait 2; 2 fois 2 font 4; 3 fois 2 font 6; jusqu'à 10 fois 2 font 20. — De même, pour les autres. — Pour avoir le Produit des 10 premiers nombres par 3, je suis la 3e rangée : 3 fois 1 font 3; 3 fois 2 font 6; 3 fois 3... 9; 3 fois 4 font 12,........; jusqu'à 3 fois 10 font 30. De même pour les autres rangées.

146. Dans la *Table de Pythagore*, le Produit d'un nombre par un autre est toujours dans la case où se *croisent* la colonne et la rangée commençant par les deux facteurs proposés. Par ex.

	4 ↡			8 ↓
fois	font		fois	font
3.	12		3.	24

Etudiez soigneusement, d'abord quelques lignes, puis quelques autres, puis enfin toutes les lignes de la Table de Pythagore, parce qu'il faut la savoir sans faute.

147. En faisant la Table par l'Addition seule et la poussant jusqu'à 10 fois 10, on *doit* trouver que le dernier nombre de chaque colonne, ou de chaque rangée, est égal au premier suivi d'un zéro. Ainsi, 10 fois $4 = 40$, ou 4 suivi d'un zéro; cela sert de *vérification* pour tous les Résultats précédents.

La Rangée *oblique*, qui va de 1 à 100, contient les nombres 4, 9, 16....., qui sont les *Carrés* des chiffres 2, 3, 4....., c'est-à-dire, les Produits de deux Nombres égaux. Ainsi, 49 est le *carré* de 7, et 7 est la *racine carrée* de 49.

On peut bien remarquer aussi que 3 fois 8 ou 8 fois 3 font 24, 6 fois 7 ou 7 fois 6 font 42....., et ainsi des autres; alors, il est bon de répéter la Table de Multiplication d'après cette observation, pour bien retenir les deux formes de chaque produit.

148. En général, le Produit de deux facteurs ne change pas, de quelque manière qu'on les multiplie. Pour le comprendre, je fais un petit tableau de 3 rangées de 8 unités chacune, disposées comme les carreaux d'une fenêtre, ou les cases d'un damier. Alors, dans le sens horizontal, on trouve 3 fois 8, et, dans le sens vertical, 8 fois 3, pour la *totalité* des unités de tout le tableau; c'est donc la même chose. — La même propriété a lieu pour d'autres facteurs, et en aussi grand nombre qu'on voudra. Essayez 47 fois 29, et 356 fois 84.

$$1 \quad 1 \quad 1 \quad 1 \quad 1 \quad 1 \quad 1 \quad 1$$
$$1 \quad 1 \quad 1 \quad 1 \quad 1 \quad 1 \quad 1 \quad 1$$
$$1 \quad 1 \quad 1 \quad 1 \quad 1 \quad 1 \quad 1 \quad 1$$

DIX-NEUVIÈME CONFÉRENCE.

SUITE DE LA MULTIPLICATION.

149. Faisons une Multiplication; multiplions, par exemple, 24 par 9, comme si nous voulions trouver

combien il y a d'heures dans 9 jours ; car le jour étant de 24 heures, les 9 jours feraient bien 9 fois 24 heures ou 24×9, ce qui donne 216.

24
9
___
216

Pour cela, je pose d'abord le multiplicande 24, et au-dessous le multiplicateur 9, que je souligne. Ensuite, je multiplie *à droite*, en disant : 9 fois 4 font 36 ; je pose 6 et retiens 3 ; 9 fois 2 font 18, et 3 font 21, que je pose ; et alors le Produit est 216.

Ainsi, il y a 216 heures dans 9 jours. — Pour vérifier, je multiplie 9 par 24 ; 4 fois 9 font 36, je pose 6 et retiens 3 ; 2 fois 9 font 18, et 3 font 21. Le Produit est encore 216 comme tout à l'heure, ce qui me fait croire que j'ai bien opéré.

9007
4
_____
36028

Soit encore à multiplier 9007 par 4, je dis : 4 fois 7 font 28, je pose 8 et retiens 2 ; 4 fois 0 et 2 font 2 ; 4 fois 0 font 0 ; enfin, 4 fois 9 font 36, que je pose ; et le Produit est 36028, comme on peut le vérifier, mais en observant que *zéro* fois 4, ou *point de fois* 4, ou enfin 4×0, c'est-à-dire par *rien*, ne donne *rien*.

150. Règle. *Pour multiplier un nombre entier quelconque par un seul chiffre,* on pose d'abord le multiplicande, puis le multiplicateur au-dessous, et on le souligne. Cela posé, on multiplie, à partir de la *droite*, le 1er chiffre du multiplicande, puis le 2e, puis le 3e....., etc., par le chiffre du multiplicateur ; et l'on pose au-dessous les unités des Produits, mais on en *retient les dizaines* pour les joindre au produit partiel suivant. Alors, on doit avoir le Produit demandé.

MULTIPLICATION.

Multiplicande.
Multiplicateur.
____

Produit.

151. Explication. En multipliant toutes les parties du Multiplicande par le Multiplicateur, c'est évidemment comme si l'on multipliait tout le Multiplicande par le Multiplicateur tout entier ; et l'on voit bien qu'il faut généralement commencer par la droite, à cause des dizaines qu'on est obligé de retenir.

152. Épreuve. Pour faire l'Épreuve de la Multiplication, il suffit de refaire l'opération, en multipliant le Multiplicateur par le Multiplicande; et l'on *doit* retrouver le même Produit qu'auparavant, si l'on ne s'est trompé nulle part, puisqu'un Produit ne change pas, dans quelque ordre que l'on multiplie ses deux facteurs (Voyez n° 148).

153. Faites avec soin et tâchez même de vérifier les exemples suivants, ou d'autres analogues :

$$51074 \times 8 = 408592 \qquad 70095 \times 6 = 420570 \qquad 90600 \times 7 = 634200$$

et 8888×5; $\quad 90909 \times 4$; $\quad 7777 \times 3$, 23456×7; $\quad 35792 \times 8$; $\quad 98765 \times 9$.

154. Règle. *Pour multiplier un nombre entier quelconque par un chiffre significatif suivi d'un zéro ou de plusieurs,* on multiplie par ce chiffre significatif, et l'on met, sur la droite du Produit, autant de zéros qu'il y en avait à droite du multiplicateur. D'abord, pour multiplier un nombre entier par 10, par 100, par 1000....., il suffit de mettre à la droite 1, 2, 3..... zéros, parce qu'alors cela le rend 10 fois, 100 fois, 1000 fois..... plus grand (Voyez n° 53). D'après cela, pour multiplier 168 par 300, par exemple, je multiplie 168 par 3, ce qui donne 504; puis, je mets 2 zéros à droite, ce qui fait 50400, pour produit total.

En effet, en multipliant par 3, et non pas par 300, on obtient un Produit 504 qui est 100 fois trop petit; et on le rend 100 fois plus grand, en mettant *deux zéros* sur sa droite, comme dans la Numération, ce qui donne enfin 50400.

155. Exercez-vous à poser à vue d'œil le produit d'un nombre entier quelconque par un chiffre significatif seul ou suivi de zéros. Exemple : $307 \times 8 = 2456$; $41090 \times 7 = 287630$; $3508000 \times 900 = 3157200000$.

156. Règle générale. *Pour multiplier deux nombres entiers quelconques,* on pose d'abord le Multiplicande, puis le Multiplicateur au-dessous, et on le souligne. — Cela posé, on multiplie, à partir de la *droite*, tout le Multiplicande par le 1er chiffre du Multiplicateur; cela donne le Produit Partiel des *unités*. Ensuite, on multiplie tout le Multiplicande par le 2e chiffre du Multiplicateur, ce qui donne le Produit des *dizaines*; mais il faut le placer au rang des dizaines, en avançant d'un rang vers la gauche.

MULTIPLICATION.

Multiplicande.
Multiplicateur.

Places des différents Produits Partiels.

Produit total.

Puis, on fait le Produit des *centaines*, et on le pose au rang des *centaines*......; et ainsi de suite jusqu'au dernier chiffre. Enfin on ajoute tous les Produits Partiels trouvés, et l'on *doit* avoir le Produit total demandé.

157. Ex. Soit 2418×623, je les pose ainsi :

```
2418     Multiplicande.
 623     Multiplicateur.
_________
7254..... Produit des unités.
4836..... Produit des dizaines.
14508.... Produit des centaines.
_________
1506414  Produit total.
```

J'ai à multiplier 2418 par 623, ou par $600+20+3$. Je multiplie par 3, et j'ai 7254, que je mets à partir des unités. Puis, je multiplie par 2 *dizaines*, et j'ai 4836 *diz.*, que j'avance d'un rang à gauche pour les mettre sous les dizaines. Enfin, je multiplie par 6 *centaines*, et j'ai 14508 *centaines*, que je pose au rang des *centaines* : j'ajoute le tout, et j'ai 1506414 pour résultat.

158. Démonstration. En multipliant successivement tout le Multiplicande par chacun des chiffres, ou par les unités, par les dizaines, par les centaines......, etc., enfin par toutes les parties du Multiplicateur, c'est bien comme si l'on multipliait tout le

Multiplicande par le Multiplicateur tout entier lui-même, ou les deux nombres tout entiers l'un par l'autre.

159. Epreuve. Pour faire l'*Epreuve* de la Multiplication, il suffit de la recommencer, en changeant l'ordre des facteurs (Voyez nº 152).

<table>
<tr><td>623</td><td rowspan="8">Ex. Pour vérifier le Produit de 2418 par 623, déjà obtenu (nº 157), je multiplie 623 par 2418, et je trouve le même résultat 1506414, mais avec des Produits partiels différents; ce qui me fait croire que je ne me suis pas trompé.</td></tr>
<tr><td>2418</td></tr>
<tr><td></td></tr>
<tr><td>4984</td></tr>
<tr><td>623</td></tr>
<tr><td>2492</td></tr>
<tr><td>1246</td></tr>
<tr><td>1506414</td></tr>
</table>

Faites aussi et vérifiez soigneusement les produits suivants : 4712×359; 72834×6953; 2177776×5784; 12345×6789; 66666×99999; $1234567890 \times 987654321$.

VINGTIÈME CONFÉRENCE.

FIN DE LA MULTIPLICATION.

160. Cas des Zéros. Quand il y a des zéros *dans* le multiplicateur, on les passe, parce qu'ils ne produisent rien. On multiplie seulement par les chiffres significatifs, mais il faut toujours poser les Produits Partiels au-dessous des chiffres qui servent à les produire, pour conserver l'ordre de leurs unités.

<table>
<tr><td>7163</td><td rowspan="6">Ainsi, pour multiplier par 804, on multiplie seulement par 4 *unités*, et par 8 *centaines ;* ce qui donne 28652 *unités* et 57304 *centaines*, et en tout 5759052. — Trouvez de même et vérifiez les Produits de 10405×908; 406097×602009; 930400×70001005. Repassez également les premiers Produits du nº 153, et ceux du nº 155.</td></tr>
<tr><td>804</td></tr>
<tr><td></td></tr>
<tr><td>28652</td></tr>
<tr><td>57304</td></tr>
<tr><td>5759052</td></tr>
</table>

161. Enfin, lorsque les deux facteurs sont terminés par des zéros, on multiplie en les négligeant pour un moment; mais ensuite, *à droite* du produit, on en pose autant qu'on en avait négligé *à droite* des facteurs. Ex. $8000 \times 700 = 5600000$. D'abord, 7 fois 8 font 56, et 7 fois 8 *mille* font 56 *mille;* mais il fallait multiplier par 700, et non pas par 7; le produit est donc 100 fois trop petit; alors, il faut le rendre 100 fois plus grand; ce qui se fait en mettant *deux zéros* à droite, et l'on trouve 100 fois 56000 ou 5600000. On raisonne de même pour tous les autres cas analogues.

Effectuez les Produits 40700×30000; $801005000 \times 200900000$; 403200×25000; 600800×600800.

Dans la Pratique, il est bon de prendre toujours pour multiplicateur le facteur qui a le moins de chiffres significatifs, parce que c'est celui qui donne le moins de Produits partiels principaux à ajouter.

162. MULTIPLICATIONS SUCCESSIVES. Pour multiplier plusieurs nombres *successivement* les uns par les autres, on multiplie d'abord le 1er par le 2e; puis le produit des 2 premiers par le 3e; puis le produit des 3 premiers par le 4e....., et ainsi de suite. Du reste, on peut changer l'ordre des facteurs, si l'on veut, et cela ne change pas le Produit total.

Ex. Soit $87 \times 4 \times 36$, ou $87 . 36 . 4$, ou $4 . 36 . 87.....,$ etc.; on trouve toujours 12528. — Remarquez bien que multiplier un Nombre par 4 et par 36, ou par 36 et par 4, revient à le multiplier par 4 fois 36 ou 144, et non pas par $4 + 36$ ou 40, ce qui est fort différent. En général, en multipliant un Nombre par plusieurs autres *successivement*, cela revient à le multiplier tout d'un coup par leur produit, et non point par leur somme, comme on le croit assez volontiers.

87	87
4	36
348	522
36	261
2088	3132
1044	4
12528	12528

163. Usage. Dans la Pratique, pour trouver le prix ou la valeur de plusieurs objets, quand on connaît la valeur d'un *seul* et leur nombre *total*, il faut multiplier la valeur de l'objet par le nombre des objets. Ex. si 1 *chapeau* coûte 15 fr., 2 chapeaux coûteront 2 fois 15 fr., 3 chap. 3 fois 15 fr....., et ainsi de suite. Si *1 jour* a 24 heures, 2 jours feront 2 fois 24 heures; 3 jours 3 fois 24 heures....., etc. Si *une élève* écrit 18 pages en 1 semaine, elle en pourra écrire 2 fois plus, 3 fois plus, 4 fois plus....., en 2, 3, 4..... semaines. — Enfin, si 1 litre de vin coûte 40 centimes, 2 litres, 3 litres....., 100 litres....., 1000 litres *doivent coûter à prix fixe* 2 fois, 3 fois....., 100 fois....., 1000 fois plus qu'un litre. Mais quand on achète *en gros* (ou en grande quantité), le marchand fait ordinairement sur le prix total un certain *rabais* (ou une diminution), qu'il ne peut pas accorder dans la *vente en détail*.

164. Raisonnons ensemble une petite Question.

Énoncé. Combien y a-t-il d'*Heures* dans 9 jours, en se rappelant que le jour est de 24 heures ?

$$\text{H} \qquad 9^{\text{j}} \qquad 1^{\text{j}} \qquad 24^{\text{h}}$$

Solution. Le jour a 24 heures; alors, 2 jours auront 2 fois 24 heures; 3 jours, 3 fois 24 heures.....; enfin, 9 jours 9 fois 24 heures. Il faut donc multiplier 24 heures par 9, et l'on trouve 216. Ainsi, les 9 jours font 216 heures.

$$\begin{array}{r} 24 \\ 9 \\ \hline 216 \end{array}$$

— Si l'on veut rappeler le résultat par une indication, soit H le nombre d'Heures demandé, on aura

$$\text{H} = 24 \times 9 = 216 \text{ heures.}$$

De même, pour trouver le nombre d'heures contenues dans une année de 365 jours, naturellement il faudrait multiplier 24 par 365; mais il est plus commode de multiplier 365 par 24.

165. *Voici quelques Problèmes à résoudre :*

I. Une rame de papier contient 20 mains; la main est de 25 feuilles; chaque feuille peut faire 4 copies simples; alors, combien peut-on prendre de copies dans 60 rames de papier? — Rép. 120000.

II. Une Élève mange 3 pommes et 12 prunes par jour, combien faudrait-il de fruits pour 124 Élèves pendant 1 jour, pendant 1 semaine, pendant 1 mois, pendant 1 an? — Rép. 1860, 13020, 55800 et 678900.

III. Combien y a-t-il de minutes dans 1 siècle, et dans 1844 ans, ou depuis la création du monde, en supposant toutes les années bissextiles? — Rép. 52704000 et 969602176000.

IV. Un Kilogramme de coton produit un fil de 345440 mètres de long; alors, 10 quintaux de coton filé *suffiraient-ils* pour faire le tour du monde? — Rép. Plus de 8 fois.

V. La lumière du Soleil nous arrive en 8 minutes 13 secondes, et la lumière parcourt 31 mille myriamètres par seconde; alors, à quelle distance la Terre est-elle du Soleil? — Rép. Plus de 15 millions de myriamètres.

VI. Une Demoiselle est fort embarrassée pour faire sa toilette un jour de sortie; elle a 3 chapeaux, 2 écharpes et 5 robes, avec 4 chaussures superbes, et elle ne sait que mettre. De combien de manières différentes pourrait-elle s'habiller? — Rép. 120 manières.

VII. Un jeune Homme serait-il bien âgé, s'il avait le double du quintuple du sextuple du triple de l'âge d'un Enfant de 8 ans? — Rép. 1440 ans.

VIII. Combien faut-il de centimes pour faire un milliard, et ensuite cent mille millions de milliards de rouleaux contenant chacun 100 pièces de 40 fr.? — Rép. 100 milliards et 40 sextillions.

IX. La belle Planète de Vénus (ou l'Étoile du Berger) fait plus de 36 $^{Kilom.}$ par seconde, en tournant autour du Soleil, et elle emploie 7 mois et 15 jours pour faire sa révolution complète; quelle en est la longueur? — Rép. Plus de 19 millions de kilomètres.

X. Un champ, de forme rectangulaire, a 845 ^{m} de long sur 63 ^{m} de large; quelle est la surface en ares? Ensuite, combien en coûterait-il pour l'entourer d'un treillage à 50 ^{centimes} le mètre? — Rép. 532 ^{a} 35 et 908 $^{fr.}$

XI. La Lune est environ 49 fois plus petite que la Terre; la Terre est 1500 fois plus petite que la Planète de Jupiter; qui lui-même est 867 fois plus petit que le Soleil: Alors, combien de fois le Soleil est-il plus gros que la Terre, et combien de Lunes pourrait-on faire avec une boule grosse comme le Soleil? — Rép. Plus de 1300 mille fois, et 63 à 64 millions de Lunes.

XII. Un Homme veut me vendre un cheval, à raison de 1 ^{centime} pour le 1er clou de ses fers, 2 ^{centimes} pour le 2e, 4 $^{cent.}$ pour le 3e, et ainsi de suite jusqu'au 28e fer, toujours en doublant. Le cheval sera-t-il bien cher? — Rép. 2684354 $^{fr.}$ 55 $^{cent.}$

VINGT-UNIÈME CONFÉRENCE.

DIVISION.

140. Mes Enfants, vous savez que 3 fois 8 font 24; 3 fois 8 pommes font 24 pommes. Maintenant, si je *partage* 24 pommes en 3 tas égaux, chaque tas contiendra 8 pommes ; ou bien, si je cherche par des Soustractions successives *combien de fois* 24 contient 3, je trouve 8 fois. Cette opération-là, qui est le contraire de la Multiplication, s'appelle *Division.* Alors.....

Définition. La **Division** est une opération qui sert à *partager* un nombre en plusieurs parties égales, ou bien à trouver *combien de fois* un nombre en contient un autre (Elle sert généralement à retrouver l'un des deux facteurs d'un Produit, quand on connaît ce Produit et l'autre facteur). — Ainsi, diviser 24 par 3, c'est *partager* 24 en 3 parties égales ; c'est chercher *combien de fois* 24 contient 3 ; enfin, c'est chercher le facteur qu'il faut multiplier par 3 pour reproduire 24.

La Division sert bien aussi à rendre un nombre 2 fois, 3 fois, 4 fois..... plus petit. Ainsi, 24 est rendu 3 fois plus petit, quand on le divise par 3, car alors il se réduit à 8.

167. On appelle *Dividende* le nombre qu'on *doit diviser ;* on nomme *Diviseur* le nombre par lequel on divise ; enfin, on appelle toujours *Quotient* le résultat de la Division. Ainsi, en divisant 24 par 3, ce qui donne 8, le *Dividende* est 24 ; le nombre est le *Diviseur,* et 8 est le *Quotient.*

168. Indication. La *Division s'indique* avec le signe *divisé par.* Il se forme avec deux gros points (:) qu'on met à gauche du Diviseur, ou avec un trait *horizontal,* ou même *oblique,* qu'on place sous le Dividende et sur le Diviseur. Ainsi, pour exprimer 24 *divisé par* 3, on peut mettre

$$24 : 3 \text{ ou bien } \frac{24}{3} \text{ ou quelquefois } 24 \,/\, 3.$$

L'Expression 24:3 marque aussi le *Rapport* entre le Dividende et le Diviseur ; ainsi, par exemple, 24, *par rapport à* 3, vaut 8, ou vaut 8 fois plus que 3, parce que 8 fois 3 font 24. De même, 36 vaut 4 fois 9 ; de même, 40 jours font 5 à 6 semaines, puisque 5 fois 7 et 6 fois 7 font 35 et 42 ; et vous voyez bien que 40 est contenu entre ces deux nombres.

169. Pratique. Pour bien *pratiquer la Division* des Nombres entiers, il faut reprendre la Table de Pythagore. On cherche combien de fois le 1er chiffre de chaque Rangée horizontale est contenu dans tous les nombres de cette rangée, et l'on trouve le Quotient en tête de la colonne correspondante. Ainsi.....

4 fois. | 8 fois.

3 est contenu dans 12 | 3 est dans 24

Maintenant, si l'on compare la 1re et la 3e Rangée;

1	2	3	4	5	6	7	8	9	10
3	6	9	12	15	18	21	24	27	30

On peut dire : 3 est contenu dans 3, *une* fois; dans 6, 2 fois; dans 9.....; ou bien : 3 contient 3, 1 fois, ou 3 fois 1; 6 contient 3, 2 fois, ou 3 fois 2....., jusqu'à 30 contient 3, 10 fois, ou 3 fois 10. On dirait de même pour chaque rangée de la Table. — Il faut bien s'exercer encore sur les Nombres compris entre les multiples qui se suivent dans une rangée. Ainsi, entre 15 et 18, on pourrait nommer 16 et 17 ; alors, il faut dire : 16 contient 3..... 5 fois pour 15, et il reste 1 ; 17 contient 3..... 5 fois pour 15, et il reste 2. On verrait de même que 59 contient 7..... 8 fois, ou 7 fois 8, pour 56, et qu'il reste 3. — Prenez d'autres exemples.

170. Maintenant, si l'on comprend bien que 24 : 3 donne 8, on voit de suite que 24 *dizaines* : 3 = 8 *dizaines;* 24 *centaines* : 3 = 8 *centaines.....* , etc.

Ensuite, 26 : 3 = 8, et il reste 2; donc

26 *dizaines* : 3 = 8 *dizaines,* et il reste 2 *dizaines;*
26 *centaines* : 3 = 8 *centaines,* et il reste 2 *centaines;*

et ainsi de suite. De même aussi,

26 *mètres* : 3 = 8 *mètres,* et il reste 2 *mètres;*
26 *litres* : 3 = 8 *litres,* et il reste 2 *litres* ....

VINGT-DEUXIÈME CONFÉRENCE.

SUITE DE LA DIVISION.

171. Mes Enfants, pour vous faire bien comprendre la Division, supposons que je veuille partager 54 *sous*

entre mes 3 Garçons, et cherchons la part de chacun.
(Tenez, voici 5 pièces de 10 sous et 4 sous, ce qui fait
bien 54 sous.) D'abord, chaque Enfant aura-t-il 1 pièce
de 10 sous? — *Oui, puisqu'il y a plus de pièces que d'Enfants.* — En aura-t-il 2? — *Non, parce que pour les 3 Enfants, il faudrait 3 fois 2 ou 6 pièces, et il n'y en a que 5.*
— Bon; alors, en donnant 1 pièce de 10 sous à chaque
Enfant, il ne reste plus que 2 pièces sur les 5 qu'il
y avait. Je les change en *sous*, ce qui fait 20 sous,
et 4 sous qu'il y avait déjà, cela fait 24 sous, qui restent à partager entre les 3 Enfants. Or, 24 divisé en 3
donne 8; donc, chaque Enfant aura 1 pièce de 10 sous
et 8 sous, ce qui fait 18 sous. En effet, les 3 parts réu-
nies font 3 fois 18 sous ou les 54 sous qu'il s'agissait de
partager; et l'opération se trouve bien exacte.

172. Partageons de même 852 *sous* entre 3, en
supposant 8 *écus* de 100 sous, 5 pièces de 10 sous
et 2 *sous;* vous allez trouver que chacun aura exactement 2 *écus* 8 pièces et 4 *sous*, c'est-à-dire 284 sous. —
Enfin, tâchons de partager en 3 la somme de 146 sous,
figurée encore avec 1 *écu*, 4 *pièces* et 6 *sous*, et vous
verrez que chaque part aura 4 *pièces* et 8 *sous* ou 48 *sous;*
mais il restera 2 *sous.*

173. Repassez les opérations précédentes sur le Tableau suivant qui en retrace tout le détail.

```
 p. s.                    d.  u.                      
 5  4  |    3         5   4  |   3      =    50+4  |   3
-3     |───────      -3      |──────         30    |──────
       | p.  s.     ─────    | d.  u.       ──────  | 10+8
 2p 4s | 1  8        2d  4u  |  1 8          20+4   |
───────| ou 18s      2   4u  |   18u        ─────   |  18
ou 2 4s|             ────    |              2  4    | ×3
-2  4  |   ×3        2   4    |   ×3         2  4    |──────
───────┴──────      ────┴──────            ─────┴──    54
   0      54s          0       54u            0
```

en observant que les lettres *p* et *s* désignent les *Pièces*
et les *Sous;* et que de même les lettres *d* et *u* marquent
les *Dizaines* et les *Unités.*

Faites un tableau pareil pour 852ˢ : 3, et pour 146ˢ : 3.
Divisez encore 7548 par 3, et 6209375 14 par 8.

174. Dans la Pratique, on pose ainsi l'opération :

Dividende. | Diviseur.
54 | 3
3
——
24 | Quotient.
24 | 18
—— | ×3
| 54

852 | 3
6 | 284
—— | ×3
25 |
24 | 852
——
12
12
——
0

146 | 3
12 | 48
—— | ×3
26 | 144 et 2
24 | ou 146
——
2

et l'on dit : 5 *contient* 3..... 1 fois ; je pose 1 au quotient ; 1 fois 3 fait 3 ; 3 de 5, reste 2 ; à droite du reste, j'*écris* le chiffre suivant 4 du dividende, ce qui fait 24. Ensuite, 24 *contient* 3..... 8 fois ; je pose 8 au quotient ; 8 fois 3 font 24 ; 24 de 24, reste 0 ou rien ; alors 18 est le quotient. Effectivement, 3 fois 18 font 54.

Repassez de même les deux autres divisions, et faites aussi les suivantes avec détail :   29386741 : 5
75296 : 8   306807 : 6   599994 : 9   40000 : 7.

175. Avec ce qui précède, on peut établir déjà la **Règle.** *Pour diviser un nombre entier quelconque par un seul chiffre,* on pose d'abord le *Dividende,* puis on met à sa droite le *Diviseur,* en les séparant par un trait vertical, et l'on souligne le *Diviseur,* pour marquer au-dessous la place du *Quotient.* Cela posé, on prend sur la *gauche* du Dividende assez de chiffres pour contenir le *Diviseur*; on cherche (avec la Table de Pythagore) com-

DIVISION.

Dividende. | Diviseur.
|
|
| Quotient.
Reste. |

bien de fois la partie séparée, ou le Dividende *partiel,* contient le Diviseur, et l'on marque au Quotient ce *nombre de fois.* — Ensuite, on multiplie le Diviseur par ce 1er chiffre du Quotient ; cela donne un Produit, qu'on soustrait du Dividende partiel, et l'on obtient un reste (qui est zéro ou autre chose). — Puis, à la droite du reste, on écrit le chiffre suivant du Dividende total ; cela fournit un 2ᵉ Dividende partiel sur lequel on opère, comme sur le 1ᵉʳ; on place le 2ᶜ Quotient à droite du 1ᵉʳ, et ainsi de suite, jusqu'à ce qu'il n'y ait plus rien à diviser, et l'on a alors tout le *Quotient demandé*.

176. DÉMONSTRATION. En divisant successivement toutes les parties du dividende par le diviseur, c'est bien comme si l'on divisait le dividende tout entier lui-même. — Il faut ordinairement commencer par la gauche, ou par les plus hautes unités, pour pouvoir réduire en unités plus petites celles qui peuvent rester à la fin. D'ailleurs, on a de suite l'avantage de voir combien le Résultat doit avoir d'unités les plus grandes, et c'est ce qui intéresse le plus, surtout dans un partage.

177. Épreuve. Pour *éprouver* ou vérifier un quotient, il suffit de le multiplier par le diviseur ou réciproquement, et de joindre au produit le Reste, s'il y en a un; et *l'on doit toujours retrouver le dividende, si l'on ne s'est pas trompé.* (Voyez les exemples des nᵒˢ 173 et 174 dont j'ai fait la *vérification*.)

178. Dans la Pratique, on peut *abréger* la Division, en retranchant tout de suite les Produits Partiels, à mesure qu'on les faits. Ainsi, on dira :

54	3		852	3		146	3
24	18		25	284		26	48
0			12			2	
			0				

5 contient 3 1 fois pour 3; de 5, reste 2; 24 contient 3..... 8 fois exactement; de 24, reste *zéro*.

Repassez de même les deux autres divisions, ainsi que toutes les précédentes que j'avais proposées.

VINGT-TROISIÈME CONFÉRENCE.

SUITE DE LA DIVISION.

179. Cas particuliers. *Lorsqu'un dividende partiel ne contient pas de diviseur*, on pose zéro au quotient, pour marquer qu'il n'y a pas d'unités de l'ordre qu'on cherche; on écrit le chiffre suivant du dividende, s'il y en a encore, et l'on continue.

```
68252 | 4              240395 | 8
28    |                0039   |
025   | 17063          . 75   | 30049
12    | ×4             . 3    | ×8
  0 . | 68252                 | 240395
```

On dit ici : 2 ne contient pas 4, je pose 0. Puis, 27 contient 4... 6 fois..., etc.

Zéro ne contient pas 8, je pose 0. Puis, 3 ne contient pas 8; je pose encore 0; ensuite, 39 contient 8.....

180. *Lorsqu'après une division exacte, il ne reste plus que des zéros au dividende,* on en met autant au quotient pour marquer tous les ordres qui resteraient.

```
320 | 8       32000 | 8        15024000 | 3
00  | 40      0000  | 4000     0024     | 5008000
 0  |                             0     |
```

On voit bien que 32 *dizaines* : 8 = 4 *dizaines ;* et que 32 *mille* : 8 = 4 *mille,* et ainsi de suite.

181. RÈGLE POUR COMPLÉTER un quotient inexact ou incomplet. Quand un quotient n'est pas complet, on le complète en y joignant le *reste divisé par le diviseur.* Ainsi, en divisant 27 par 4, on trouve 6 pour quotient et 3 pour reste; alors, on pose en indication,

27 : 4 = 6 + 3 : 4 ou 6 + 3/4 = 6 et 3 quarts.

Par exemple, s'il fallait partager 27 *pommes* entre 4 enfants, ils auraient chacun 6 pommes, plus les 3 quarts d'une pomme, parce qu'il reste 3 pommes à partager en 4 parties égales.

On *suppose* que chaque unité du reste soit partagée en autant de *parties égales* qu'il y a d'unités dans le diviseur, et c'est cette division-là que l'on indique à la suite du quotient. — Au lieu de dire 6 + 3/4, on dit quelquefois 7 — 1/4; cela revient au même. Vous savez qu'on dit plutôt 7 heures *moins un quart,* que 6 heures 3 quarts. — Ces *parties égales* d'unités, qu'on prend pour compléter les quotients inexacts, se nomment généralement *fractions,* et vous voyez bien qu'elles sont tout à fait nécessaires.

182. FRACTIONS. Les fractions se nomment *demi, tiers, quart, cinquième, sixième, septième*....., etc., lorsque le diviseur qui les forme est 2, 3, 4, 5, 6, 7....., etc.

Il faut bien vous exercer à prendre à vue d'œil la *moitié* ou la *demie*, le *tiers*, le *quart*, le *cinquième*......, jusqu'au 10e d'un nombre entier quelconque.

Pour prendre la *moitié* de 873, on dit : la moitié de 8 est 4; la *moitié* de 7 est 3 pour 6; alors, 6 de 7, reste 1, qui vaut 10, et 3 font 13; la *moitié* de 13 est 6 pour 12, et il reste 1; en sorte que la *moitié* de tout le nombre 873 est 436 et 1/2.

183. Vous verrez de même que le *tiers* de 873 est 291 exactement; le *quart* est 218 + 1/4; le 5e est 174 + 3/5; le 6e est 145 + 3/6 ou 1/2.....; enfin, le 10e est 87 + 3/10.

184. En général, le 10e d'un nombre se prend en séparant le 1er chiffre à droite; et toute la partie à gauche est le quotient en unités entières. S'il y avait 870, le 10e serait évidemment 87; et s'il y a 873 ou 870 + 3, le 1er en est 87 + 3/10 ou 87,3 en séparant le chiffre par une grosse *virgule*. — De même, le 100e, le 1000e.....: d'un nombre entier se prend en séparant 2 chiffres, 3 chiffres....., par une *virgule* sur la droite du nombre. Ainsi, le 100e de 43628 est 436,28; le 1000e serait 43,628; cela s'énonce en disant 436 *unités* 28 *centièmes*, et 43 *unités* 628 *millièmes*. Enfin le 10000e serait 4,3628.

185. Les nombres précédents 87,3 et 43,628 se nomment *décimaux*; la virgule s'appelle *virgule décimale*; et c'est bien commode, surtout pour les nombres concrets des mesures métriques, comme on l'a déjà vu. Ainsi, 43628 *centimes* font 436f,28 centimes; 43628 fr. partagés entre 100 personnes font 436f,28c pour chacune. De même, quand on dit que le sucre se vend 180f le quintal, ou 100 Kilog., alors le *Kilog.*, qui vaut 100 *fois moins*, se vend 1f,80c, qui est le 100e du prix 180f.

186. Si l'on voulait prendre le 10e, le 100e....., d'un nombre entier moindre que 10, que 100....., on mettrait un ou plusieurs zéros à gauche, pour placer convenablement la *virgule*; et les nombres qui en résultent sont alors de véritables *fractions décimales*. Ainsi, le 10e de 4 est 0,4; le 100e est 0,04. De même, le 100e de 4f est 4 *centimes*, ou 0f,04; le 1000e de 4 mètres est 4 *millimètres*, ou 0m,004. Le 100000e serait 0,00004.

187. Enfin, exercez-vous à prendre la *moitié*, le *tiers*, le *quart*, le 5e, le 6e....., le 10e, puis le 100 et le 1000e des nombres 70432086, 506070809, 80000000 et 66666666; et pour opérer avec ordre, on place habituellement les résultats sous les chiffres qui les produisent. Ainsi, par exemple,

$$
\begin{array}{ll}
\text{Soit le Nombre entier} & 2571865;\\
\text{J'en pose ainsi le quart} & 642966 \; 1/4.\\
\text{De même en voici le septième} & 367409 \; 2/7.\\
\text{Pour le 100e, on aurait} & 25718,65.\\
\text{Enfin, le 1000e serait} & 2571,865.
\end{array}
$$

188. Une *paire* (ou *couple*) est la réunion de *deux* objets pareils. On nomme *pair* tout nombre *divisible* par 2, et *impair* tout nombre qui n'est pas divisible par 2. Les nombres *pairs*

sont 0 2 4 6 8 10 12 14.....; et les nombres *impairs* sont 1 3 5 7 9 11 13 15.....; on les reconnaît au chiffre des unités. Ex. 29436 et 856027.

VINGT-QUATRIÈME CONFÉRENCE.

SUITE DE LA DIVISION.

189. RÉSOLVONS ensemble deux petites questions sur la Division.

1re Question. *Combien coûte 1 Mètre d'étoffe, quand on sait que 8ᵐ ont coûté 32ᶠ ?*

Solution. Puisque 8ᵐ ont coûté 32ᶠ, alors, *à prix fixe*, 1ᵐ coûtera 8 fois *moins*; donc il faut *partager* 32ᶠ en 8 parties égales, ou entre les 8ᵐ, et l'on aura le prix d'un seul. 32 : 8 donne 4; donc le Mètre coûte 4ᶠ. En effet, les 8ᵐ, à 4ᶠ, feraient bien 8 fois 4 ou 32ᶠ.

$$\begin{array}{c|c} 32 & 8 \\ 0 & \overline{} \\ & 4 \end{array} \qquad C \quad 1^m \quad 8^m \quad 32^r$$
$$C = 32^f : 8 = 4^f$$

190. 2e Question. *Combien de Mètres peut-on avoir pour 32ᶠ, quand le Mètre coûte 4ᶠ ?*

Solution. Si le Mètre coûte 4ᶠ, on voit bien qu'avec 32ᶠ on pourrait avoir autant de Mètres, qu'il y a de fois 4ᶠ dans la somme 32ᶠ; ainsi, il faut chercher *combien de fois 32 contient 8*, ou *diviser 32 par 8.* Or, 32 : 4 donne 8, donc on peut avoir 8ᵐ. En effet, 8ᵐ, à 4ᶠ feraient bien 8 fois 4 ou 32ᶠ.

$$\begin{array}{c|c} 32 & 8 \\ 0 & \overline{} \\ & 4 \end{array} \qquad M \quad 32^f \quad 1^m \quad 4^f$$
$$M = 32 : 4 = 8$$

191. Mes Enfants, cette manière de résoudre des questions relatives à la Division, est bien naturelle, sans doute; mais elle ne peut servir que quand le Diviseur doit être un nombre entier. Alors, il faut que je vous apprenne un autre raisonnement, qui n'est guère plus difficile, mais qui a d'avantage de pouvoir s'employer toujours dans les exemples de Division. Reprenons donc les deux questions précédentes.

192. **1re QUESTION.** *Combien coûte 1 Mètre d'étoffe, quand on sait que 8m ont coûté 32f ?*

C   1m   8m   32f

C = 32 : 8 = 4f

SOLUTION. Si l'on savait le prix du Mètre, il faudrait le multiplier par 8, pour faire 32f, puisque les 8m coûtent 32f. Alors, 32f est un Produit; 8 est un facteur; c'est le *multiplicateur*, et le prix demandé est l'autre facteur; c'est le *multiplicande*. On le trouvera donc en divisant 32 par 8, ce qui donne 4.

Ainsi, quand 8m d'étoffe coûtent 32f, le Mètre revient à 4f, parce que 8 fois 4 font 32. La vente est à prix fixe.

193. *En général*, quand on veut savoir la *valeur d'une unité d'une espèce*, connaissant la *valeur totale* de plusieurs, ainsi que leur *nombre*, il faut diviser la valeur totale par le Nombre; et le quotient est de même espèce que le Dividende, mais le Diviseur est abstrait. (La Division a ici pour but un *Partage*.)

194. **2e QUESTION.** *Combien de Mètres peut-on avoir pour 32f, quand le Mètre coûte 4f ?*

M   32f   1m   4f

M = 32 : 4 = 8

SOLUTION. Si l'on savait combien on peut avoir de Mètres, il faudrait multiplier 4f par ce nombre pour avoir 32f. Donc 32f est un Produit; 4f est son *multiplicande*, et le Nombre demandé est son *multiplicateur*. Alors, on le trouvera en divisant 32f par 4f, ou 32 par 4, ce qui donne 8; ainsi, on peut avoir 8m pour 32f, quand le Mètre coûte 4f, à prix fixe.

195. *En général*, quand on veut calculer *le nombre d'unités d'une espèce*, connaissant leur *valeur totale*, et la *valeur particulière* de chacune, il faut diviser la valeur totale par la valeur de l'unité; et le quotient est abstrait, mais sa nature est fixée par l'énoncé de la Question. (Ici la Division a pour but de trouver un *Rapport*, ou combien de fois un nombre en contient un autre de même espèce.)

196. Au résumé, dans une Division, le Quotient est toujours de même espèce que le Dividende, ou il est abstrait, suivant qu'il devrait être le *Multiplicande* ou le *Multiplicateur* du Produit que représente le Dividende. Retenez bien cette distinction.

197. *Voici quelques Problèmes à résoudre:*

I. Combien y a-t-il de Semaines dans 56238 Jours? — Rép. 8034 Semaines.

II. Combien de Mètres de Tulle, à 6f, peut-on avoir pour 255f? — Rép. 62m et 3/6 ou 62m 1/2.

III. Un Enfant veut donner toute sa bourse à 8 pauvres, et il a 22f, combien donnera-t-il à chacun? — Rép. 2f et 15s ou 2f,75c.

IV. Une Modiste achète 360f deux douzaines de chapeaux superbes; elle en vend 4 pour 72f; alors, si elle vend les autres au même prix, combien aura-t-elle gagné par douzaine ? — Rép. 36 francs.

V. Un Propriétaire donne 9f à 10 ouvriers pour s'acheter du vin à 6s la bouteille (ou à 30c le litre); combien leur en revient-il à chacun ? — Rép. 3 bouteilles.

VI. Une Marchande de chaussures a fourni à 27 demoiselles pour 343f de jolis brodequins, à condition qu'on donnerait 40s ou 2f à sa domestique. Combien y avait-il de paires de brodequins à 7f, et combien la Marchande a-t-elle gagné en tout, si chaque paire lui a produit 3f ? — Rép. 49 paires et 147f.

VINGT-CINQUIÈME CONFÉRENCE.

SUITE DE LA DIVISION.

198. MES Enfants, vous savez déjà diviser les nombres entiers par un diviseur d'un seul chiffre, et par les nombres particuliers 10 100 1000....., etc.; voyons maintenant de nouveaux cas de plus en plus importants.

CAS DES ZÉROS. *Lorsque le Dividende et le Diviseur sont terminés par des zéros*, on peut en supprimer un même nombre sur leur droite, sans altérer le Quotient. Ainsi, 80 : 20 = 8 : 2 = 4; de même, 800 : 200 = 8 : 2 = 4; de même, 8000 : 2000 = 8 : 2 = 4....., etc., parce que 4 fois 2 *dizaines* font 8 *dizaines*; 4 fois 2 *centaines* font 8 *centaines*.....; et 4 fois 2 *mille* font 8 *mille*.

Pareillement, on sait que 29 : 8 donne 3 avec 5 de reste; alors, 290 : 80 ou 29 *diz.* : 8 *diz.* donne 3 avec 5 *diz.* de reste;

29000 : 8000 = 3 avec 5000 de reste; enfin,

29000 : 800 = 290 : 8 = 3 avec 5 *diz.* de reste.

Si l'on efface 2 zéros, par exemple, à droite du Dividende, cela le rend 100 *fois plus petit*, *ainsi que le Quotient* qui en résulterait. Mais si l'on efface aussi 2 zéros à droite du Diviseur, il devient 100 fois *plus petit*, *et*, *au contraire*, le Quotient devient 100 fois plus grand. Alors, ces deux changements se compensent exactement, et le Quotient ne change pas.

199. Vous saviez bien déjà que lorsqu'il s'agit de partager des fruits, ou autre chose, entre vous et d'autres Enfants, *plus* il y a à partager, *plus* vous avez chacun; *moins* il y a pour tous, *moins* il y a pour chacun. Au contraire, *plus* vous êtes nombreux pour partager un gâteau, *plus* les parts sont *petites*; et *moins* vous êtes de monde, *plus* les parts sont *grosses*. — Hé bien! il en est de même pour un Quotient, quand on rend le Dividende et le Diviseur *plus* ou *moins* grand. Mais

gardez-vous bien de croire, qu'en diminuant le Dividende et le Diviseur d'un même nombre, on puisse obtenir le même Quotient. Ainsi, 8 : 2 = 4; 7 : 1 = 7; 9 : 9 = 1, etc. De même, 36 : 4 = 9; 85 : 3 = 11 + 2/3 ; 34 : 2 = 17, et 33 : 1 = 33. Vous voyez que le Quotient augmente toujours, quoique l'on diminue les deux nombres proposés de la même quantité. Le contraire aurait lieu, si l'on augmentait d'un même nombre.

200. DIVISION *par un chiffre significatif suivi d'un ou de plusieurs zéros.* Ex. 351649 : 8000, et 572381 : 600.

```
351649 | 8000       351649 | 8000       5762381 | 600
32000  |            31649  |             3623   |
       | 43                | 43                 | 603
31649  |             7649  |              2381  |
24000  |                                  581   |
       |
7659
```

Division abrégée.   Autre Exemple.

Je dispose d'abord les deux nombres proposés comme à l'ordinaire. Puis, je prends sur la *gauche* du Dividende assez de chiffres pour contenir le Diviseur ; je vois alors que le Quotient aura des *dizaines* et des *unités*, ou conséquemment *deux chiffres.* Tâchons de les trouver. D'abord, au lieu de diviser 35164 par 8000, je me borne à diviser 35000 par 8000, ou plus simplement 35 par 8, *en négligeant pour un moment les trois zéros à droite du Diviseur, et les trois chiffres à droite du Dividende partiel ;* alors, je dis 35 contient 8,... 4 fois pour 32 ; je multiplie le Diviseur 8000 par 4 ; cela me donne 32000, que je retranche de 35164, et il reste 3164. A la droite de ce reste, j'écris le chiffre suivant 9 du Dividende ; je néglige encore pour un moment la partie 649 ; je divise 31 par 8 ; cela donne 3 ; puis, il y a 7649 de reste, et c'est fini.

Ainsi, *en ayant l'air de négliger* un même nombre de chiffres à droite des Dividendes partiels et de zéros à droite du Diviseur, l'opération se réduit à la Division d'un nombre entier par un seul chiffre.

J'ai traité le même exemple sans écrire les Produits partiels qu'on peut retrancher de suite, et j'ai mis à côté un exemple analogue. Il est aisé de s'en proposer d'autres pareils. Traitez aussi les suivants 2076500 : 4000, 710300000 : 9000 8150206000 : 700000, et 30024008000 : 50000.

VINGT-SIXIÈME CONFÉRENCE.

FIN DE LA DIVISION.

201. Prenons enfin deux nombres entiers quelconques ; par ex. 306902 : 3241, je les place à l'ordinaire,

```
306902 | 8241      2975438 | 61987
24723  |           247948  |
-----              -----
59672  | 37        495958  | 48
57687  |           495796  |
-----              -----
1985               162
```

Je sépare sur la gauche du Dividende les chiffres nécessaires pour contenir le Diviseur ; puis, au lieu de diviser 30690 par 8241, ou même 30 *mille* par 8 *mille*, je néglige pour un moment les trois chiffres à droite, ce qui fait 30 à diviser par 8 ; et je dis alors 30 contient 8, 3 fois pour 24 ; je pose 3 au Quotient ; je multiplie le Diviseur par 3 ; cela me donne 24723 ; je soustrais et je trouve 5967. A la droite de ce reste, j'écris le chiffre suivant 5 ; et, au lieu de diviser 59672 par 8241, ou même 59 *mille* par 8 *mille*, je divise simplement 59 par 8 ; je trouve 7 ; je multiplie le Diviseur par 7 ; j'obtiens 57687 ; je soustrais, et il vient 1985 ; alors, le Quotient demandé est 27, et le reste est 1985.
— Pour *vérifier*, je multiplie 8241 par 37, j'ajoute le reste 1985 au Produit, et je retrouve bien le Dividende 306902.

Faites de même l'autre division 2975438 : 61987 ; ensuite, 8401376 : 70849 et 205654000000 : 500300.

202. PROCÉDÉ. On peut multiplier et soustraire tout à la fois dans les Divisions partielles, en vous rappelant comment on retranche tout d'un coup plusieurs nombres d'un seul (n° 185). Ex. S'il fallait retrancher 3 fois 8241 du nombre 30690,

```
          je dirais : 3 fois 1 font 3 ; ôtés de 10, reste 7, et
30690     je retiens 1 ; 3 fois 4 font 12, et 1 font 13 ; ôtés
5967  × 3 de 19, reste 6, et je retiens 1 ; 3 fois 2 font 6
          et 1 font 7 ; ôtés de 16, reste 9, et je retiens 1 ;
```
3 fois 8 font 24, et 1 font 25 ; ôtés de 30, reste 5 ; alors, le reste total est 5967, comme on peut le vérifier.

De même, pour soustraire 7 fois 8241 du nombre 59672,

```
          je dis : 7 fois 1 font 7 ; ôtés de 12, reste 5, et je
59672     retiens 1 ; 7 fois 4 font 28, et 1 font 29 ; de 37,
1985  × 7 reste 8, et je retiens 3 ; 7 fois 2 font 14, et 3
          font 17 ; de 26, reste 9, et je retiens 2 ; enfin,
```
7 fois 8 font 56, et 2 font 58 ; de 59, reste 1, et l'on a 1985.
Remarquez que ces deux Opérations sont précisément celles que nous avons faites en détail en divisant 306902 par 8241. Hé bien ! répétez la même chose pour les autres Divisions, en les posant ainsi, comme dans l'exemple abrégé (n° 200).

```
306902 | 8241      2975438 | 61987
59672  |           495958  |
1985   | 37        162     | 48
```

203. OBSERVATION. En divisant seulement le 1er ou les deux premiers chiffres de chaque Dividende partiel par le 1er chiffre du Diviseur, c'est bien commode pour trouver les chiffres du Quotient ; mais on est exposé à mettre des chiffres trop grands. Dans ce cas-là, le Produit qu'on trouve ne peut pas se retrancher du Dividende ; alors, on diminue d'une unité le chiffre du Quotient. Ainsi, par exemple,

En divisant 17 par 3, on trouve 5 ; mais le Produit 190 ne peut pas s'ôter de 179 ; alors, 5 est trop *grand*, et il faut mettre 4. Ensuite, en divisant 27 par 3, on trouve 9 ; mais 9 est trop grand ; on essaie 8, qui est encore trop grand, alors, il faut mettre 7 tout au plus.

$$\begin{array}{c|c} 1792 & 38 \\ 272 & \overline{47} \\ 16 & \end{array}$$

Essayez de même de diviser d'autres nombres, en prenant des diviseurs dont le 1er chiffre soit plus petit que le 2e, comme 396, 287, 1689, 17038....., etc.

204. Dans une Division partielle, on ne peut jamais poser plus de 9 au Quotient ; car, si l'on pouvait mettre 10, par exemple, ce serait mettre 1 unité à l'ordre précédent, ce qui n'est pas possible. Ex. Soit 1286 : 19. D'abord, il est bien vrai que

12 contient 1 12 fois, et pourtant on ne peut mettre que 6 ; ensuite, 14 contient 1 14 fois, et l'on ne peut mettre que 7 au Quotient, ce qui donne 67 pour Quotient avec 13 pour reste.

$$\begin{array}{c|c} 1286 & 19 \\ 146 & \overline{67} \\ 13 & \end{array}$$

205. Si, dans une Division, on mettait un chiffre trop petit au Quotient, le reste qu'on trouverait serait égal au Diviseur, ou même plus grand ; et il doit toujours être plus petit, sans quoi le Dividende contiendrait le Diviseur au moins une fois de plus. Ainsi, 29 contient 8 3 fois, et il reste 5 ; mais, si l'on disait 29 contient 8 2 fois, il resterait 13, nombre qui contient encore 1 fois le Diviseur 8.

206. Voici, au reste, *un moyen d'essayer un chiffre* avant de le poser au Quotient. On multiplie le Diviseur, à partir de la gauche, par ce chiffre, et l'on retranche à mesure les Produits des chiffres correspondants du Dividende. Si la soustraction se fait jusqu'au bout, le chiffre est *bon* ; si la soustraction ne peut pas se faire, c'est que le chiffre essayé *est trop grand ;* alors, on le diminue d'une unité, et l'on essaie de nouveau. — Enfin, si en soustrayant, on arrive à un reste *au moins égal* au chiffre essayé ; alors il est *bon.* Ici, par exemple, soit 5926 : 187,

j'essaie 5, en disant : 5 fois 1 font 5 ; ôté de 5, reste *zéro* ; ensuite, 5 fois 8 font 40, qui ne peut pas s'ôter de 9 ; donc 5 est *trop grand ;* alors, j'essaie 4. Or, 4 fois 1 font 4 ; ôté de 5, reste 1, qui vaut 10 et 9 font 19 ; mais 4 fois 8 font 32, qui ne peut pas s'ôter de 19 ; donc 4 est encore *trop grand ;* alors, j'essaie 3. Or, 3 fois 1 font 3 ; ôté de 5, reste 2, qui

$$\begin{array}{c|c} 5926 & 187 \\ 316 & \overline{31} \\ 129 & \end{array}$$

font 20, et 9 font 29 ; mais 3 fois 8 font 24, qui peut s'ôter de 29, reste 5, nombre *au moins égal* au chiffre 3 que j'essaie ; donc 3 est *bon ;* je le pose au Quotient, et je continue.

207. En repassant bien tout ce qui précède, voici la **Règle générale** *pour la Division de deux Nombres entiers quelconques :* on pose d'abord le Dividende, puis, à sa droite, on met le Diviseur, en les séparant par..., etc. (n° 175). Puis, on sépare sur la gauche du Dividende assez de chiffres pour contenir le Diviseur (c'est-à-dire toujours autant, ou un de plus) ; — on divise alors le 1er ou les 2 1ers chiffres du Dividende partiel par le 1er chiffre du Diviseur, et l'on met au Quotient le chiffre qu'on trouve (mais après l'avoir bien essayé) ; — on multiplie tout le Diviseur par ce chiffre, et l'on retranche le Produit du Dividende partiel ; — à la droite du Reste, on écrit le chiffre suivant du Dividende total, ce qui fournit un 2e Dividende partiel, sur lequel on opère comme sur le 1er ; — on met le 2e Quotient à droite du 1er, et ainsi de suite jusqu'à la fin. Ensuite, si l'on veut *vérifier,* on multiplie le Diviseur par le Quotient, ou réciproquement ; on joint le Reste au Produit trouvé, et cela *doit* reproduire le Dividende donné.

208. Voici deux exemples de Division à faire :

492653197	6958
55931	70803
26797	
5923	

32046000	87900
5676	364
4020	
504	

Faites encore les suivantes : 6210748 : 2897 ; 13056049 : 5269 ; 4585858500 : 850000 ; 2999999 : 777 ; 1234567890 : 45670 ; enfin, 1 trillion par 29000, et 2 quintillions par 37 billions.

Faites aussi des Multiplications de grands nombres, et vérifiez-les en divisant le Produit par chaque facteur, et vous devrez toujours retrouver l'autre au Quotient.

209. *Problèmes sur les 4 opérations fondamentales :*

I. Combien y a-t-il de minutes, d'heures, de jours....., etc., dans un milliard de secondes ? — Rép. 32ᵃ 1ᵐ 24ⁱ 1ʰ 46′ 40″.

II. Deux Élèves doivent broder ensemble 208 festons ; la 1re en fait 7 en 1 heure, et la 2e en fait 9 ; combien de temps leur faudra-t-il, et quelle sera leur tâche ? — Rép. 13ʰ ; 91 et 117 festons.

III. Faut-il bien long-temps pour compter un quintillion, en *comptant* toujours 1000 par minute ? — Rép. 1897389192 années bissextiles 172 jours 10 heures 40 minutes, ou environ 19 millions de siècles.

IV. A combien revient la viande, quand 260000ᶠ sont le prix de 15 troupeaux de 60 bœufs, pesant chacun 340 Kilogrammes? — Rép. 84 à 85 centimes.

V. Un libraire a 193536 volumes dans 9 salles ayant chacune 56 rayons; chaque rayon renferme un même nombre de douzaines d'ouvrages, formés de 4 volumes. Combien y a-t-il de douzaines? — Rép. 8 douzaines.

VI. Une petite demoiselle avait une boîte contenant 24 têtes d'oiseaux et 24 corps, et elle se désole de ne pouvoir presque plus faire d'oiseaux différents, parce qu'on lui a perdu 8 têtes et plusieurs corps; combien y a-t-il de corps de perdus, sachant qu'elle peut faire maintenant 272 oiseaux de moins que lorsque sa boîte était complète? — Rép. 5 corps.

VII. Savez-vous combien coûteraient 28ᵐ de velours, si je vous disais que 42ᵐ ont coûté 50 pièces de 20ᶠ et 50 pièces de 20ˢ? — Rép. 700ᶠ.

VIII. Combien de jours faut-il à 18 ouvriers travaillant 9 heures par jour pour 46ᵐ d'un certain ouvrage, sachant qu'il a fallu 54 jours à 15 des premiers ouvriers pour faire 20ᵐ en travaillant 12 heures par jour? — Rép. 138 j.

IX. Un domestique place 860ᶠ à la caisse d'épargnes, pendant 3 années complètes, à raison de 4ᶠ de revenu pour 100ᶠ de placé par an; alors, combien doit-il retirer en tout? — Réponse 963ᶠ,20ᶜ.

X. Une Maîtresse veut partager 800 amandes entre 3 enfants, d'après leurs bons points. La 1ʳᵉ Enfant a eu 4 bons points; la 2ᶜ 5, et la 3ᶜ 8; comment faire les parts, après avoir ôté 35 amandes qui ne valent rien? — Rép. 180, 225 et 360.

XI. Un cabaretier mêle 564 litres de vin à 30ᶜ, avec 297 lit. à 45ᶜ; alors, à combien lui revient le litre du mélange? — Rép. 49 à 50ᶜ.

XII. Un Élève a lu 148 pages lundi, 219 mardi, 380 mercredi et autant jeudi, 256 vendredi, et 465 le samedi et le dimanche; alors, combien lisait-il par jour, *l'un portant l'autre,* ou en terme *moyen?* — Rép. 264 p.

XIII. Combien faut-il mêler de consonnes avec 5 voyelles pour faire 160 mots différents composés chacun d'une voyelle et d'une consonne, ou d'une consonne et d'une voyelle? — Rép. 16 consonnes.

XIV. Un Pharmacien me doit 58 volumes à 3ᶠ, et il me donne 45ᶠ en à-compte; ensuite, je lui prends 43 topettes de sirop pour le reste; à combien me les passe-t-il? — Rép. 3ᶠ.

XV. Cinq personnes, mangeant ensemble, ont l'idée de changer de place à tous les repas; combien de temps leur faudra-t-il pour exécuter tous ces changements de place, en faisant 2 repas par jour? — Rép. 60 j. ou 2 mois. Cherchez la même chose pour 10, pour 20 personnes.

XVI. Un Épicier achète 459 Kilogrammes d'huile à 28ˢ ou 1ᶠ,40ᶜ; il garde 36 Kilogrammes pour sa maison, et il revend le reste pour 803f,70c ; combien alors a-t-il gagné par Kilogr. — Rép. 50c.

XVII. Une Modiste emploie 240m de dentelles à 9f pour 30 camails ; si, pour une somme double, elle eût pris de la dentelle à 8f, combien aurait-elle pu avoir de garnitures ? — Rép. 67 et 1/2.

XVIII. La Comète de 1843, qui était 15 à 16 fois plus grosse que la Terre, avait une queue de 296 millions de Kilomètres environ, et marchait 15 fois plus vite que la Terre. Quelle était alors sa vitesse par seconde, sachant que la Terre fait 974 millions de Kilom. par année de 365 j. et 6 h. ? — Rép. 463 Kil. environ.

XIX. A quelle distance environ une Étoile doit-elle être de la Terre, pour que sa lumière ne nous arrive qu'au bout de 5 ans ? — Rép. 48 à 49 trillions de Kilom., c'est-à-dire plus de 300 mille fois plus loin que le Soleil.

XX. Indiquer et examiner soigneusement ce que devient un nombre, 720 par exemple, lorsqu'on le rend 1o *successivement* 12 fois et 4 fois plus grand, ou réciproquement ; — 2o ensuite 12 fois et 4 fois plus petit, ou réciproquement ; — 3o puis 12 fois plus grand et 4 fois plus petit, ou réciproquement ; — 4o enfin 12 fois plus petit et 4 fois plus grand. — Rép. 48 fois plus grand, et plus petit ; enfin 3 fois plus ou moins grand.

XXI. Un Confiseur achète 340 Kilogrammes de groseilles blanches à 25c, et pour 4f 55c de framboises à 35c ; ensuite 450f de sucre à 1f 80c le Kilog. ; en outre, il dépense 7f 30c pour le charbon....., etc., et il fait 482 Kil. de confiture ; à combien lui revient-elle le quintal ? — Rép. 113f,45c.

XXII. Une Religieuse qui avait 408000f a partagé son bien entre ses 3 nièces, de manière que la 1re a eu 3 fois comme la 2e, et la 2e 4 fois comme la 3e ; combien ont-elles eu de plus ou de moins que si l'on eût partagé également ? — Rép. la 1re a gagné 152 mille, la 2e a perdu 40 mille, et la 3e a perdu 112 mille francs.

XXIII. Combien faut-il placer d'argent, à 5 pour 100 par an, pendant 40 mois, pour en retirer un revenu total de 3859f ? — Rép. 23154f.

XXIV. Un général veut accorder une gratification de 1850f à 3 entrepreneurs, dont le 1er a fourni 5 ouv. pendant 8 jours ; le 2e, 4 ouv. pendant 6 j., et le 3e, 12 ouv. pendant 3 j. ; combien revient-il à chaque entrepreneur ? — Rép. 1er, 740f ; 2e, 444f ; 3e, 666f.

XXV. En supposant un milliard d'habitants sur la Terre, pouvant tous écrire 12 heures par jour, et 5 pages de 30 lignes de 50 lettres par heure ; combien de temps leur faudrait-il pour écrire toutes les différentes manières dont on peut disposer les 25 lettres de l'alphabet ? — Rép. 11 à 12 millions de siècles.

VINGT-SEPTIÈME CONFÉRENCE.

NOMBRES DÉCIMAUX.

PRÉLIMINAIRES.

210. Mes Enfants, nous allons parler des *Nombres décimaux*, c'est-à-dire des nombres composés de parties de *dix* en *dix* fois plus petites que l'unité. Vous en connaissez déjà ; ainsi, les *décimes* et les *centimes* sont des *fractions décimales*, ou parties de dix en dix fois plus petites que le franc. De même, le *décimètre*, le *centimètre* et le *millimètre*, relativement au *Mètre*, etc..... ; et vous voyez que les Nombres *décimaux* sont bien utiles, surtout pour exprimer nos mesures métriques.

211. Les *Nombres décimaux* s'écrivent avec les chiffres ordinaires, mais on met toujours *une virgule* sur la droite du chiffre qui *doit marquer* les unités principales ; et les *décimales*, ou chiffres décimaux, occupent successivement des rangs de plus en plus avancés vers la droite. Le 1er chiffre à droite de la *virgule*, marque les 10es ; le 2e, les 100es ; le 3e, les 1000es....., etc. L'unité contient 10 10es, 100 100es, 1000 1000es.....; alors, le nombre 3,8564..... contient 3 *unités*, 8 *dixièmes*, 5 *centièmes*, 6 *millièmes*, 4 *dix millièmes*, ou 3 *unités* 856 *millièmes*....., *etc*. Si c'étaient des *francs*, on dirait 3^f,856 millièmes ; si c'étaient des *Mètres*, 3^{m}856 *millimètres ;* si c'étaient des Kilog., 3^{Kilog},856 grammes. — La fraction décimale 0,49 marque 49 *centièmes* de l'unité principale, qui du reste peut être quelconque.

212. Règle *pour énoncer un Nombre décimal. Si c'est un petit nombre,* il vaut mieux énoncer séparément sa partie entière et sa partie décimale, en leur donnant à chacune le nom qui lui revient. Ainsi, 68,9257 signifie 68 *unités* 9257 *dix millièmes,* et 0,09314 exprime 9314 *cent millièmes.*

213. *Lorsque c'est un grand nombre,* il faut le partager en tranches de 3 chiffres, à partir de la virgule, en allant vers la *gauche* pour la partie entière, et vers la *droite* pour la partie décimale; puis, on énonce séparément chaque tranche, à partir de la gauche, en donnant à chacune le nom qui lui revient.

Ainsi 28076,04530761935 devient 28076,04530761935, et s'énonce 28 mille 76 unités, 45 millièmes 307 millionièmes 619 billionièmes et 35 cent billionièmes.

Enoncez de même les nombres 1,45045; 0,07070, et 53214078,042004200420042.

214. Règle *pour écrire un nombre décimal énoncé. Si c'est un petit nombre* dont on dicte séparément chaque partie, il faut écrire de gauche à droite chaque partie énoncée, en mettant une *virgule* à droite du chiffre qui doit marquer les unités principales, et indiquant par des zéros les ordres qui ne sont pas exprimés. Ainsi, *4 unités 28 millièmes* = 4,028; de même, *4 unités 28 cent millionièmes* = 4,00000028, et 36 *centièmes* s'écrivent 0,36.

215. *Lorsqu'il faut écrire un grand nombre décimal* énoncé classe par classe, on écrit successivement de gauche à droite chaque classe énoncée. en donnant à chacune la place qui lui revient, et mettant une *virgule* à droite du chiffre qui doit marquer les unités principales. Ainsi, 43219 *unités* 546 *millièmes* 18 *millionièmes* 3 *cent billionièmes* = 43219,54601800003.

216. Zéros. *On peut mettre ou effacer un ou plusieurs zéros* sur la droite d'un nombre décimal, sans altérer sa valeur : cela ne fait que changer de forme. Ainsi, 8,43 = 8,430 = 8,4300 = ..., etc., parce que chaque chiffre a conservé sa valeur primitive, et le nombre n'a augmenté ni diminué en rien. Mais l'énoncé 43 *dixièmes*, 430 *centièmes*, 4300 *millièmes*, varie; les unités deviennent 10 fois, 100 fois plus nombreuses et plus petites : cela fait compensation.

De même, 6,37000 = 6,3700 = 6,370 = 6,37.

217. Comparaison. D'après cela, pour *comparer* ensemble des nombres décimaux d'espèce décimale différente, il suffit de mettre assez de zéros sur la droite des nombres proposés qui ont le moins de décimales. Ex. Pour comparer

8^m,5	14^m,96	4^m,217	12^m	on pose
8^m,500	14^m,960	4^m,217	12^m,000	

en ramenant ou *réduisant* le tout en millièmes : c'est ce qu'on appelle *réduire des nombres décimaux à la même dénomination.* — Pour réduire le nombre entier 12 en *millièmes*, il a fallu mettre la *virgule décimale* et 3 zéros à sa droite, c'est-à-dire assez de zéros pour exprimer des millièmes.

218. Déplacement de la Virgule. Quand on *avance* la virgule de 1, 2, 3..... rangs vers la *droite* dans un nombre décimal, il devient 10 fois, 100 fois, 1000 fois..... *plus grand.* Ainsi, 8,43627 devient 10 fois plus grand en posant 84,3627. En effet, le 8 marquait des *unités*, et il exprime maintenant des *dizaines*; donc il vaut 10 fois plus. Le 4 marquait des *dixièmes*, et il exprime des *unités*; donc il vaut 10 fois plus, et ainsi de suite des autres chiffres. Alors, le nombre tout entier est rendu 10 fois plus grand.

219. Répétez la même explication pour le nombre 843,627   8436,27. Ensuite, avec un raisonnement analogue, vous voyez bien qu'un nombre décimal devient 10 fois, 100 fois, 1000 fois..... *plus petit*, si l'on *avance* la virgule de 1, 2, 3..... rangs vers la gauche. Ex. 4,572 est 10 fois plus petit que 45,72.

220. Quelquefois, on peut ôter la virgule; c'est quand il n'y a plus de partie décimale; d'autres fois, on est obligé de mettre sur la droite ou sur la gauche du nombre plusieurs zéros. Avec cette observation, on peut, par le déplacement de la virgule, *multiplier* ou *diviser* un nombre décimal, ou même un nombre entier, par 10, 100, 1000....., etc.

Ainsi 4,538 × 100 = 453,8 et 6,9 × 100 = 690;
    23,7 : 10 = 2,37 et 8,7 : 100 = 0,087;
enfin 543 × 100 = 54300 et 543 : 100 = 5,43.

221. Approximation décimale. Quand un nombre décimal contient plus de chiffres qu'on en veut, on efface tous ceux des ordres inférieurs à celui que l'on veut garder; mais si le 1er de ceux qu'on efface est *égal* ou *supérieur* à 5, on augmente d'une *unité* le dernier chiffre conservé, et le nombre est obtenu à moins d'une *demi-unité* de cet ordre. Ex. 3,14159 = 3,1416 *dix millièmes* ou 3,142 *millièmes*. On augmente ainsi (ou l'on *force*) la décimale du dernier ordre, pour rendre l'erreur moins grande qu'elle ne serait, si le chiffre est au moins égal à 5; car ce qu'on néglige approche plus de valoir 10 unités du dernier ordre, que de ne rien valoir du tout.

222. Quand il s'agit d'argent, on sera obligé de prendre le nombre de 5 centimes qui s'approche le plus du résultat, tant qu'il n'y aura pas de pièces convenables pour payer 1, 2, 3 ou 4 centimes. Ainsi,

on paie 60ᶜ pour 58 59 60 61 et 62ᶜ;
mais on paie 65ᶜ pour 63 64 65 66 et 67.

223. Si l'on effaçait beaucoup de gros chiffres sur la droite d'un nombre décimal, vous craindriez peut-être de diminuer de beaucoup sa valeur. Hé bien! prenez pour exemple 4ᵐ,236987899998998778......, et tâchez de vous figurer la quantité qu'il exprime. Il y a 4 *mètres*, 2 *décimètres*, 3 *centimètres*, 6 *millimètres*, 9 *dixièmes de millimètres*, 8 *centièmes de millimètres*, 7 *millièmes de millimètres*, et ainsi de suite; en sorte que tous les chiffres à droite, depuis 987....., ne valent pas même un millimètre: cela en diffère peu; et si l'on écrit 4ᵐ237, on commet une erreur moindre que la moitié d'un millimètre; vous voyez donc que c'est bien peu de chose auprès de la longueur du mètre, qui est l'unité principale.

VINGT-HUITIÈME CONFÉRENCE.

CALCUL DÉCIMAL.

224. Mes Enfants, le *Calcul décimal* comprend les 4 opérations fondamentales que je vous ai déjà montrées sur les Nombres entiers; on les *définit*, on les *pose*, on les *indique*, on les *fait*, on les *vérifie* et on les *raisonne* à peu près de la même manière, en ayant soin de considérer la *virgule* décimale.

ADDITION.

225. Définition. *L'Addition des Nombres décimaux*, en général, est une opération qui sert à trouver la somme de plusieurs Nombres décimaux de même espèce principale.

226. Règle. *Pour faire l'Addition des Nombres décimaux*, on les pose les uns sous les autres, de manière que les unités de même ordre se correspondent verticalement, ainsi que les virgules; puis, on additionne comme dans les Nombres entiers, sans s'inquiéter de la virgule, et l'on sépare sur la droite du Résultat autant de décimales qu'il y en a au Nombre qui en contient le plus. Exemple :

$3^f,25$	6^m	19^{Kg}
$417,40$	$74,85$	$25,04$
$128,65$	$9,736$	$132,751$
35	$3,2$	$6,209$
$584^f,30$	$93^m,786$	183^{Kg}

227. Explication. *En complétant les Décimales par des zéros* pour *réduire* les Nombres donnés à la même dénomination, il est clair que le Résultat est aussi de la même espèce; alors, il faut y séparer autant de Décimales. — On supprime la Partie décimale, quand elle ne contient que des zéros.

228. Problèmes. I. Le Géant *Goliath* avait $2^m,925$ de hauteur, et le Juif *Éléazar* $3^m,09$; à eux deux combien avaient-ils? — Rép. $6^m,015$.

II. Quel est le poids total d'une caisse remplie de $52^{Kg},347$ de sucre; la caisse vide pesait d'abord $3^{Kg},9$ et la corde d'emballage qui l'entoure pèse 64 décagrammes? — Rép. $56^{Kg},887$.

III. On a fait $4^m,9$ d'une tapisserie, puis on a fait 3 fois 57 centimètres et 2 fois 13 décimètres; alors quelle est la longueur totale? — Rép. $9^m,12$.

IV. Un jardin a $9^{ares},40$; on y joint 3 parcelles contenant chacune 76 centiares; on achète, en outre, un champ de $5^{hect},12$, combien y a-t-il de terrain en tout? — Rép. $523^{ares},68$.

V. Combien un tonneau peut-il contenir, sachant qu'après en avoir tiré 5 fois $87^{lit},39$, il peut y rester encore 26 pots de 15 litres? — Rép. $820^{lit},95$.

VINGT-NEUVIÈME CONFÉRENCE.

—

SOUSTRACTION.

229. Définition. *La Soustraction des Nombres décimaux*, en général, est une opération qui sert à trouver la différence entre deux nombres décimaux de même espèce principale.

230. Règle. *Pour faire la Soustraction des Nombres décimaux*, on pose le plus petit sous le plus grand, de manière que les unités de même ordre se correspondent verticalement, ainsi que les virgules ; puis, on soustrait, comme dans les Nombres entiers, sans s'inquiéter de la virgule, et l'on sépare, sur la droite du Résultat, autant de Décimales qu'il y en a au Nombre qui en contient le plus. Exemple :

$9^f,36$	$8^m,274$	$6^{Kg},400$	$17,35$
$2,84$	$2,910$	$4,972$	$9,35$
$6^f,52$	$5^m,364$	$1^{Kg},428$	8 exact.

231. Explication. *En complétant par des zéros les Décimales les moins nombreuses pour réduire les Nombres* à la même dénomination, le Résultat doit être aussi de même espèce. — Avec un peu d'habitude, il n'est pas nécessaire de mettre de zéros, et l'on supprime au Résultat ceux qui ne serviraient à rien.

232. Problèmes. I. Quelle différence y a-t-il dans la valeur de l'or pur et de l'or monnayé ; il vaut $3437^f,778$ le Kilogramme quand il est pur, et 3004^f quand il est monnayé ? — Rép. $343^f,778$.

II. Une jeune personne avait 142^m de dentelle ; elle en donne $8^m,35$ à chacune de ses 3 amies ; elle en envoie 29^m à une de ses tantes qui l'aime beaucoup ; alors, que reste-t-il de dentelle ? — Rép. $87^m,85$.

III. Un fermier avait $253^{hectol},40$ de blé ; il en tire 42 sacs contenant en tout $61^{hectol},75$; il en remet $38^{décalit},6$; et, pendant 3 semaines d'hiver, il en donne par semaine $4^{décal},5$ à 7 pauvres infirmes ; alors que manque-t-il au fermier pour faire 200 hectolitres ? — Rép. $13^{hectol},84$.

IV. Un morceau de bois mouillé pesait 53 Kilogrammes; on le fait sécher, et il ne pèse plus que 47$^{Kilog.}$296, combien renfermait-il d'humidité? — Rép. 5$^{Kilog.}$704.

TRENTIÈME CONFÉRENCE.

MULTIPLICATION.

233. Définition. *La Multiplication des Nombres décimaux*, en général, est une opération qui sert à former un Nombre appelé Produit, et qui se compose avec le Multiplicande, exactement comme le Multiplicateur est composé avec l'unité. Alors, *multiplier un Nombre quelconque par* 4, c'est le prendre 4 fois, parce que le Multiplicateur se forme de 4 fois l'unité. Ensuite, *multiplier un Nombre par* 0,4, c'est en prendre 4 fois le *dixième*, parce que le Multiplicateur se forme de 4 fois le *dixième* de l'unité. Enfin, *multiplier un Nombre par* 3,28, c'est le prendre 3 fois; puis, en prendre encore 28 fois le *centième*, ou c'est en prendre tout d'un coup 328 fois le centième, parce que 3,28 se forme de 328 fois le centième de l'unité.

☞ Le plus petit enfant raisonne exactement de la même manière, quand il fait, par exemple, *un régiment de bouchons*. Car alors, il *arrange* et *aligne* des bouchons, absolument comme les soldats sont *arrangés* et *alignés* dans un régiment. Retenez bien cette observation.

234. Règle. *Pour faire la multiplication des Nombres décimaux*, on opère comme pour des Nombres entiers, sans s'inquiéter de la virgule; puis, à la droite du Produit, on sépare autant de Décimales qu'il y en avait dans les deux facteurs. Ex. 4,108 × 6,17 = 25,34636. En effet, ici, en multipliant, *sans s'inquiéter de la virgule*, le Multiplicande qui a 3 Décimales serait 1000 fois trop grand, ainsi que le Produit; donc il faudrait le rendre 1000 fois plus petit, en séparant 3 Décimales sur sa droite. De même, en négligeant la virgule au Multiplicateur, qui a 2 Décimales, on le rend 100 fois trop grand, ainsi que le Produit. Alors, il faut le rendre

100 fois plus petit, en séparant encore 2 Décimales à sa droite ; ce qui fait 3 + 2 ou 5 *Décimales* en tout.

4,108	0,3195	1,25	0,0049
6,17	32	6,4	0,026
28756	6390	500	294
4108	9585	750	98
24648	10,2240	8,000	0,0001274
25,34636	ou 10,224	ou 8	

235. Lorsque le Produit contient à sa droite des *zéros inutiles*, on peut les effacer ; et si le Produit n'a pas assez de chiffres pour séparer le Nombre requis des Décimales, il faut supposer à sa gauche autant de zéros qu'il est nécessaire. Remarquez enfin qu'en multipliant par une *vraie fraction décimale*, comme 0,03, le Produit est plus petit que le Multiplicande, puisqu'il n'en est que les 3 centièmes. Ex. $8 \times 0,03 = 0,24 =$ les 3 centièmes de 8. De même $6,320 \times 0,0075 = 0,0474$.

236. Les Produits pouvant renfermer bien des Décimales, on se contente de garder celles qu'exigent les questions proposées. Ainsi, on se borne assez ordinairement aux centièmes pour les francs, aux millièmes pour les autres mesures. Ex. Les 0,049 de $18^f,25 = 18,25 \times 0,049 = 0^f,89425 = 0^f,89$, à moins d'un demi-centime ; ensuite, $18^{Kg},25 \times 0,049 = 0^{Kg},89425 = 0^{Kg},894$, à moins d'un demi-gramme ; enfin, $18^{St},25 \times 0,049 = 0^{St},9425 = 0^{St},9$, à moins d'un demi-décistère.

237. PROBLÈMES. I. Combien valent $52^{Kilog},364$ de sucre à $1^f,85^c$ le Kilogramme ? — Rép. $96^f,87$.

II. Un litre de mercure pèse autant que $13^{lit},598$ d'eau, et l'eau pèse 770 fois plus que l'air à volume égal ; alors, combien de fois le mercure pèse-t-il plus que l'air ? — Réponse 10470,46.

III. Quelle est la contenance d'un jardin de forme rectangulaire, ayant $253^m,64$ de long sur $39^m,45$ de large ? — Rép. $10006^{m-car}1$.

IV. Combien en coûterait-il, à $1^f,75^c$ par mètre, pour faire entourer d'un petit treillage un bassin circulaire qui a $4^m,87$ large sachant que, la circonférence contient environ 3142 fois la 1000e partie de son diamètre. — Rép. $26^f,80^c$.

TRENTE-UNIÈME CONFÉRENCE.

DIVISION.

238. Définition. *La Division des Nombres décimaux*, en général, est une opération qui sert à retrouver l'un des deux facteurs d'un Produit, quand on connaît ce Produit et l'autre facteur.

239. La Division décimale présente 3 cas principaux :

1er Cas. *Lorsque le Dividende a autant de Décimales que le Diviseur*, on supprime *la virgule*, et l'on divise, sans rien séparer au Quotient, parce que, en supprimant la *virgule* décimale de part et d'autre, le Dividende et le Diviseur deviennent en même temps 10 fois, 100 fois..... plus grands, ce qui n'altère pas le Quotient. Ainsi, $6,35 : 0,47 = 635 : 47 = 13$ unités $+ 24/47$ d'unité.

$$\begin{array}{c|c} 6\ 35 & 0,47 \\ 1\ 65 & \overline{} \\ 24 & 13 \end{array}$$

240. 2e Cas. *Lorsque le Dividende a moins de Décimales que le Diviseur*, on lui complète ses Décimales par des zéros, puis on néglige la *virgule*, et l'on divise sans rien séparer au Quotient. On peut mettre des zéros sur la droite d'un Nombre décimal sans altérer sa valeur, et cela rentre dans le cas précédent. Ainsi, $25,9 : 0,423 = 25,900 : 0,423 = 25900 : 423 = 61$ unités $+ 97/423$.

$$\begin{array}{c|c} 25,900 & 0,423 \\ 520 & \overline{} \\ 97 & 61 \end{array}$$

241. 3e Cas. Enfin, *si le Dividende a plus de Décimales que le Diviseur*, il faut diviser sans s'inquiéter de la *virgule*, puis on sépare, sur la droite du Quotient, autant de Décimales qu'il y en avait de *plus* au Dividende qu'au Diviseur; car le Dividende pouvant résulter du Produit du Diviseur par le Quotient, doit avoir autant de Décimales que le Quotient et le Diviseur en ont ensemble; alors, le Quotient, tout seul, doit en

```
6,1845 | 2,9
  38   |────
  94   | 2,132
  75   |
  17   |
```

avoir autant qu'il y en a de *plus* au Dividende qu'au Diviseur. Ainsi, par exemple, 6,1845 : 2,9 = 61,845 : 29 = 2,132 + 17/29 de millième.

242. Lorsque le Diviseur est un Nombre entier suivi de zéros, comme 8000, on supprime les zéros, on

```
    4317,9 | 800
ou  43,179 | 8
     3 1   |────
      77   | 5,397
      59   |
       3   |
```

sépare un pareil Nombre de Décimales à la droite du Dividende, afin de ne pas altérer le Quotient, et l'on divise comme pour les Nombres décimaux. Ex. 4317,9 : 800 = 43,179 : 8 = 5,397.

243. Réduction en Décimales. *Pour réduire ou convertir un quotient en Décimales,* il faut supposer à droite du Dividende autant de zéros qu'on veut de Décimales ; on fait la Division, et l'on sépare au Résultat le nombre demandé de chiffres décimaux ; mais il est bon d'en calculer toujours un de plus, pour compléter ou *forcer,* si c'est nécessaire, la Décimale précédente. Ainsi, pour réduire en *centièmes* le quotient de 38 par 7, on pose 38,00 ou mieux 38,000 : 7 ; on opère, et l'on trouve 5,428 = 5,43. Alors, 38^f : 7 donnerait 5^f,43, à *moins d'un demi-centime.* — Dans la Pratique, on ne met les zéros qu'à mesure qu'on en a besoin pour réduire le reste en 10es, 100es, 1000es..... Voici l'opération :

```
38,000 | 7        38  | 7        140 | 19
  3 0  |────       30  |────       70 |──────
   20  | 5,428     20  | 5,428    170 | 0,7389
   60  |           60  |          180 |
    4  |            4  |            9 |
```

38 contient 7 5 fois pour 35, de 38, reste 3, à la droite du 3, je mets un 0 pour la réduire en 10es, et je divise en mettant d'abord la virgule à droite du quotient 5, et je continue. — Dans l'exemple de 14 : 19, il faut poser d'abord 0 au quotient, parce que 14 ne contient pas 19,

et l'on poursuit comme auparavant. — Ainsi, 14^f : 19 donnerait 0$_m$,74 centimes; mais 14^m : 19 donnerait 0^m,739, en augmentant le 8 d'une unité.

Exercez-vous à calculer à moins d'un 100e, d'un 1000e et d'un 1000000e, le quotient de 53 par 47, de 26 : 32, de 22 : 7 et de 355 : 113.

245. Résolvons ensemble deux petites Questions :

1°. *Combien vaut le mètre de toile, quand 6^m,47 coûtent 53^f?*

Y 1^m 6^m,47. 53^f Si je connaissais le prix du mètre, il faudrait le multiplier par 6^{unités},47, pour reproduire 53^f; alors, pour avoir le prix demandé, qui est le Multiplicande du Produit 53^f, il faut diviser 53 par 6,47; ce qui donne V = 53^f : 6,47 = 8^f,191 = 8^f,19.

2°. *Combien de dentelle, à 6^f,47 le mètre, pourrait-on avoir pour 53 francs?*

D 6^f,47   1^m 53^f Si je savais le nombre de mètres, il faudrait multiplier *par ce nombre* le prix d'un mètre 6^f,47, pour avoir 53^f; donc, pour obtenir ce prix demandé, qui est le Multiplicateur du Produit 53^f, il faut diviser 53 par 6,47, ce qui donne D = 53 : 6,47 = 8,191 = 8^m,19, à moins d'un demi-centimètre.

246. PROBLÈMES. I. Quand le sucre est à 185^f le quintal, à combien revient le Kilogramme, et ensuite, quel est le prix de 43^{Kilog},629? — Rép. 83^f,71^c.

II. Une cour rectangulaire a 21^m,6 de long, 13^m de large; un cercle a 154^m de tour; alors, combien à peu près la surface du cercle contient-elle de fois la surface de la cour? — Rép. 6,7? ou 6 à 7 fois.

III. Pendant combien de temps faut-il placer 2397^f,50^c, à 6 et demi ou 6,50 pour 100 par an, pour produire un revenu total de 483^f,45^c? — Rép. 37 mois 6 jours.

IV. Une Modiste achète pour 8760^f de satin à 23^f,75 le mètre; elle en vend à 14 Demoiselles, 9^m,60 à chacune pour 264^f; ensuite, elle en garde 3^m,20 pour sa nièce, et elle cède le reste à un Monsieur pour 500^f; alors, quelle différence y a-t-il par mètre entre les deux bénéfices qu'elle a faits? — Rép. 2^f,37^c.

TRENTE-DEUXIÈME CONFÉRENCE.

FRACTIONS ORDINAIRES.

PRÉLIMINAIRES.

247. MES Enfants, vous savez que les *fractions décimales* ou les nombres décimaux servent bien commodément à exprimer

la valeur des quantités, quand on les évalue en unités métriques. Cependant les fractions décimales ne sont pas celles qui se présentent le plus naturellement dans les Divisions *incomplètes*. Ainsi, vous connaissez déjà les *demies* ou *moitiés*, les *tiers*, les *quarts*, les *demi-quarts*, les 5es, les 6es....., etc.; eh bien ! ce sont là des *fractions* qu'on appelle *ordinaires* ou *vulgaires*, et qu'il faut étudier, puisqu'elles naissent à la suite des Divisions ordinaires. Une fraction est réellement toute quantité moindre que l'Unité, puisqu'elle n'en est qu'une portion; mais pour s'en faire une idée, il faut absolument chercher combien elle contient de parties égales d'Unité, en supposant d'avance l'Unité partagée en autant de parties égales que l'on veut.

248. Fraction. Une *Fraction*, en général, est *une* ou la réunion de *plusieurs* parties *égales* de l'Unité. Ex. un *demi*-Mètre, un *quart* d'heure, 3 *quarts* d'une route, 5 *quarts* d'heure..... Les fractions naissent des divisions *incomplètes*, et elles servent à compléter les Quotients. Ex. 31 : 4 donne 7 + 3/4; ainsi, pour partager 31f entre 4 enfants, on donnerait à chacun 7f, plus les 3 *quarts* d'un franc, ou le *quart* des 3 francs qui restent.

249. Termes. On appelle *Termes* d'une fraction les deux nombres qui servent à l'exprimer. On les met l'un sous l'autre, ou l'un à la droite de l'autre, en les séparant par un petit trait *horizontal* ou *oblique*, pour marquer la Division. Ainsi, $\frac{3}{4}$ ou 3/4 exprime 3 : 4.

Le 1er terme s'appelle *Numérateur*, et le 2e, *Dénominateur*. Le Dénominateur sert à indiquer en combien de *parties égales* on divise l'Unité; c'est un *Diviseur*; et le Numérateur exprime combien on prend de ces parties égales, c'est un *Dividende* (Le *Numérateur* les *nombre* ou les compte, et le *Dénominateur* les *nomme*). Ici 3 est le Numérateur, et 4 est le Dénominateur; ils indiquent que l'Unité est partagée en 4 parties égales, et qu'on en a pris 3., ou qu'on a pris 3 fois l'une d'elles. Ainsi, 1/4 d'heure, *c'est une des 4 parties égales d'une heure*; et il ne faut pas dire que *c'est une heure partagée en 4*. De même, 3/4 d'heure, *c'est 3 fois une des 4 parties égales d'une heure*; et ne dites pas que *c'est une heure partagée en 4 dont on a pris 3*. Enfin, 5/4 d'heure, c'est 5 *fois l'une des 4 parties égales d'une heure*, et non pas que *c'est une heure partagée en 4 dont on a pris 5*; ce qui serait tout-à-fait absurde.

250. Énoncer. *Pour énoncer une Fraction*, on dit d'abord le Numérateur, puis, *un peu après*, on énonce le Dénominateur, en y joignant généralement la terminaison *ième*. Ainsi, 5/8 s'énonce 5 *huitièmes*; 23/47 exprime 23 *quarante-septièmes*. Énoncez aussi et expliquez les Fractions 19/86 28/28 et 64/15; ensuite,

$$\frac{34726}{8259} \qquad \frac{731}{61804} \qquad \frac{56320}{56321} \qquad \frac{46218}{9508} \qquad \frac{9503}{46218}$$

250 *bis*. Distinguez bien des Fractions telles que celles-ci

$$\frac{300}{54268} \quad \frac{350}{4268} \quad \frac{354}{1268} \quad \frac{354000}{268} \quad \frac{354200}{68} \quad \frac{354260}{8}$$

qui s'énoncent presque de même, quoique ayant des valeurs fort différentes.

Quand le Dénominateur est 2, 3, 4, retenez bien qu'on dit *demi*, *tiers*, *quart*, au lieu de dire 2*ième*, 3*ième*, 4*ième*.

Rappelez-vous bien que l'Unité vaut 2/2 3/3 4/4 5/5 6/6.... 27/27..... 100/100....., etc.

251. Écrire. *Pour écrire une Fraction*, on pose d'abord le Numérateur, puis au-dessous, ou à droite, on met le Dénominateur, en les séparant par un petit trait horizontal ou oblique. Ainsi, 3 *quarts*, 25 *trente-neuvièmes*, 62 *soixante-deuxièmes*, 840 *septièmes* et 800 *quarante-septièmes*, s'écriraient :

$$\frac{3}{4} \qquad \frac{25}{39} \qquad \frac{62}{62} \qquad \frac{840}{7} \qquad \frac{800}{47}$$

ou 3/4 25/39 62/62 840/7 800/47

252. Les Fractions, dont les Dénominateurs sont 10, 100, 1000....., et, en général, l'Unité suivie d'un certain nombre de zéros, se nomment les *Fractions décimales*; et vous savez qu'on ne leur donne pas de Dénominateur; mais si l'on voulait l'indiquer, il suffirait de prendre l'Unité avec autant de zéros qu'il y

avait de chiffres décimaux. Ainsi, 3,7 0,28 0,0154
s'écriraient 37 / 10 28 / 100 154 / 10000.

Réciproquement, les Fractions décimales
469 / 100 213 / 10 56 / 100 87 / 10000
s'écriraient 4,69 21,3 0,56 0,0087.

TRENTE-TROISIÈME CONFÉRENCE.

SUITE DES FRACTIONS.

253. Fraction vraie, ou *proprement dite ;* c'est
une expression fractionnaire *moindre* que l'Unité.
Ex. 1/4 3/4 ; de même, 1/8 3/8 7/8 ; c'est
vraiment une partie de l'Unité, puisque l'Unité vaut
4/4 8/8.....

254. Nombre fractionnaire ; c'est une expression fractionnaire *plus grande* que l'Unité. Exemple :
5/4, 9/8, 13/7....., etc.

255. Une Quantité fractionnaire se compose d'un Nombre entier joint avec une Fraction, soit
par le signe + ou le signe —. Ainsi, 4 et 1/2, 9 + 2/5,
7 — 1/4 ou 6 + 3/4. Vous savez qu'on dit plutôt 7 heures
moins 1/4, que 6 heures 3/4, parce qu'il est plus près
de 7 heures que de 6 heures.

256. Réduire un *Nombre entier en Fraction.* On
le multiplie par le Dénominateur, et on lui donne ce
même dénominateur. Ainsi, 3 Unités = 12/4, parce
que l'Unité vaut 4/4 ; alors, 3 Unités = 3 fois 4 ou 12/4.
De même, 6 = 30 / 5 = 42 / 7 = 54 / 9 = 60 / 10 ;
de même, 7 = 28 / 4 = 49 / 7 = 105 / 15 = 140 / 20.

257. Réduire *une Quantité fractionnaire en Fraction.* On multiplie l'entier par le Dénominateur ; on y
joint le Numérateur, et l'on donne au Résultat le même
Dénominateur. Ainsi, 3 + 1/4 = 13/4, parce que l'Unité
valant 4/4, les 3 Unités = 3 fois 4 ou 12/4, et avec 1/4
qu'il y avait déjà, cela fait 13/4. On dit alors, 3 fois 4
font 12, et 1 font 13, en tout 13/4. De même, 8 + 3/7
= 7 fois 8 font 56, et 3 font 59, en tout 59/7. De même,
9 + 4/9 = 85/9 ; et 63 + 5/10 = 635/10.

258. Si la Fraction avait le signe —, on retrancherait le Numérateur, au lieu de l'ajouter. Ainsi, 9 — 1/4 = 4 fois 9 font 36, *moins* 1 font 35, en tout 35/4. De même, 7 — 3/8 = 7 fois 8 font 56, *moins* 3 font 53, en tout 53/8. De même, 6 — 2/5 = 28/5.

259. Extraire l'entier *d'une expression fractionnaire.* Pour tirer d'une expression fractionnaire le *nombre entier* qu'elle renferme, on divise le Numérateur par le Dénominateur, comme c'est indiqué, et l'on complète le Quotient comme à l'ordinaire. Ex. 28/4 = 28 : 4 = 7 exactement ; 6/6 = 1 ; 45/9 = 5 ; 59/7 = 8 + 3/7 ; 85/9 = 9 + 4/9. Ensuite, 35/4 = 8 + 3/4 ou 9 — 1/4 ; de même, 53/8 = 6 + 5/8 = 7 — 3/8. On dirait aussi que 20 : 7 donne 3 environ, parce que 20 : 7 = 2 + 6/7 ou 3 — 1/7 ; et l'on voit bien que le Résultat s'approche plus de 3 que de 2. Ainsi, par exemple, qu'un jeune homme ait 20 ans, et qu'un enfant en ait 7, on dira plutôt que le jeune homme est à peu près 3 fois plus âgé que l'enfant.

260. RAPPORT. Une fraction sert très-bien à exprimer le *rapport* de deux quantités. Ex. Si un enfant a 3 ans, et sa sœur 4, on dira que l'enfant a 3 fois la 4ième partie ou 3/4 de l'âge de sa sœur ; et sa sœur, au contraire, a 4 fois le tiers, ou 4/3 de celui de son frère. — c'est la fraction 3/4 *renversée* ou *retournée.*

| frère | 1 | 1 | 1 | | Comparez-le, et vous verrez que pour |
| *sœur* | 1 | 1 | 1 | 1 | l'un c'est 3/4, et pour l'autre c'est 4/3. |

De même, si votre âge est les 8/47 du mien ; au contraire, le mien sera 47/8 du vôtre.

Comparez de même les quantités 42 et 36 ; 58 et 19 ; 54 et 97..... ; et faites attention à la fraction qui se *renverse* pour exprimer un rapport *inverse* ou *contraire* (Rappelez-vous bien les deux petites mains que je place ici en sens inverse).

TRENTE-QUATRIÈME CONFÉRENCE.

TRANSFORMATION DES FRACTIONS.

261. Mes Enfants, quand les fractions sont exprimées avec de petits termes, on s'en fait bien une idée, comme 3/4, 5/8, 14/17; mais si les termes sont considérables, on ne peut plus s'en rendre compte. Ainsi, je serais bien embarrassé pour vous montrer à peu près les 860/1324 de ma canne; ou si je vous disais qu'une orange a coûté les 7080/47200 d'un franc, vous ne sauriez pas ce qu'elle vaut. Alors, il faut tâcher de *réduire* ou de *simplifier cette expression-là*, sans altérer la valeur de la fraction, absolument comme on *réduirait* des heures en jours, des années en mois....., pour mieux s'en faire une idée. Si je disais qu'un enfant a vécu 129200 *minutes*, vous ne verriez pas aussi bien son âge, qu'en disant qu'il a 3 *mois* : les minutes sont ici des unités trop petites et en même temps trop nombreuses pour bien voir la quantité.

262. *Si l'on multiplie le Numérateur d'une fraction* par un nombre 3, par exemple, sans toucher au Dénominateur, la fraction est aussi *multipliée* par ce nombre 3, parce que l'on prend alors 3 fois plus de parties égales, et toujours de la même espèce. Ainsi, 3 fois 4/8 font 12/8, comme on dirait 3 fois 4 *mètres* font 12 *mètres*. — De même, 5 fois 8/13 = 40/13, et 7 fois 9/10 = 63/10.

263. ☞ Retenez bien qu'en multipliant une fraction par son Dénominateur, elle se *réduit* à son Numérateur. Ainsi, 3 fois 2/3 = 6/3 ou 2 ; 4 fois 5/4 = 20/4 = 5. De même, 7 fois 34/7 = 34, 13 fois 8/13 = 8, parce que le Numérateur est à la fois *multiplié* et *divisé* par le même nombre.

264. En raisonnant comme précédemment, vous verrez que *si l'on divise le Numérateur par un nombre 3*, par exemple, la fraction se trouve aussi *divisée* par ce nombre 3. Ex. 12/8, divisé par 3, donne 4/8, comme 12 *francs* : 3 = 4 *francs*. De même 45/13, divisé par 5, donne 9/13, et 24/37 divisé par 24 = $\frac{1}{37}$ ou 1/37.

265. A présent, *quand on multiplie le Dénominateur d'une fraction par un nombre 3*, par exemple, cela *divise au contraire* la fraction par 3, parce que les parties qui composent alors l'Unité sont 3 fois plus nombreuses ou 3 fois plus petites qu'auparavant; et comme on en prend toujours le même nombre, il s'ensuit que la fraction est rendue 3 fois plus petite. Ex. Soit la fraction 7/8 ; elle devient 7/24 en multipliant 8 par 3 ; et 7/24 est 3 fois plus petit que 7/8, parce qu'il faut 3/24 pour faire 1/8. De même, 7/32, 7/40, 7/72 sont 4 fois, 5 fois, 9 fois..... plus petites que 7/8.

266. Quand on a 6 francs, si on les remplaçait par 6 *demi-francs,* ou 6 *quarts de francs,* ou 6 *décimes.....,* on aurait certainement alors une somme 2 fois, 4 fois, 10 fois..... plus petite qu'auparavant, quoique formée toujours avec 6 pièces.

267. Un raisonnement analogue vous montrera que si *l'on divise le Dénominateur d'une fraction par un nombre* 3, par exemple, la fraction *se trouve au contraire multipliée* par ce nombre. Ainsi, la fraction 5/24 devient 2, 3, 4, 8 et 24 fois plus grande, en posant 5/12, 5/8, 5/6, 5/3 et 5/1 ou 5.

268. ☞ Avec ce qui précède, retenez bien qu'*on peut toujours multiplier ou diviser* une fraction par un nombre, *en multipliant seulement* le Numérateur ou le Dénominateur, et qu'on peut *quelquefois multiplier ou diviser* une fraction par un nombre, en *divisant seulement* le Dénominateur ou le Numérateur. Exemples :

$$\frac{3}{8} \times 4 = \frac{12}{8} \qquad \frac{3}{8} : 4 = \frac{3}{32} \qquad \frac{3}{8} \times 8 = 3 ;$$

$$\frac{18}{21} \times 3 = \frac{18}{7} \qquad \frac{18}{21} : 3 = \frac{6}{21} \qquad \frac{3}{8} : 3 = \frac{1}{8}.$$

269. *Quand on multiplie à la fois* les deux termes d'une fraction par un même nombre, elle change de forme et *se complique,* sans changer de valeur. Ainsi, en multipliant par 3 les deux termes de la fraction 4/5, elle devient 12/15 ; ce qui est un peu plus compliqué, puisque les termes 12 et 15 sont plus grands que 4 et 5. Maintenant, pour montrer qu'elle ne change pas de valeur, rappelez-vous séparément ce que devient une fraction, quand on *multiplie* son Numérateur ou son Dénominateur par un nombre (n° 268), et vous verrez que la fraction se trouve ici en même temps *multipliée et* *divisée* par le même nombre, puisque l'on prend d'*autant de fois plus* de parties égales qu'elles sont *plus petites*.

270. Répétez en détail le même raisonnement sur les fractions 6/7, 15/23, dont on multiplierait les deux termes par les nombres 2, 7, 10, 23, 50.

TRENTE-CINQUIÈME CONFÉRENCE.

—

SIMPLIFICATION DES FRACTIONS.

271. *Lorsqu'on divise à la fois* les deux termes d'une fraction par un même nombre, elle change de forme et *se simplifie,* sans changer de valeur. Ainsi, 12/15 devient 4/5, ce qui est plus simple; mais, pour montrer que la valeur ne change pas, rappelez-vous qu'en divisant le Numérateur par 3, la fraction est divisée par 3, et qu'en divisant le Dénominateur par 3, la fraction est au contraire *multipliée* par 3. Alors, elle est donc en même temps *divisée et multipliée* par le même nombre, puisqu'on prend d'*autant de fois moins* de parties égales qu'elles sont *plus grandes.*

272. Répétez en détail le même raisonnement sur les fractions 14/56, 350/420 et 28/14, dont on divise les deux termes par 2, puis par 7.

273. *Au résumé,* en multipliant ou en divisant à la fois les deux termes d'une fraction par des nombres de plus en plus grands, la forme *se complique* ou *se simplifie* de plus en plus, sans changer de valeur.

$$\text{Ex.} \quad \overset{2}{}\frac{3}{4} = \overset{3}{}\frac{6}{8} = \overset{4}{}\frac{9}{12} = \overset{5}{}\frac{12}{16} = \overset{6}{}\frac{15}{20} = \frac{18}{24} = \ldots = \overset{120}{}\frac{360}{480}$$

$$\text{et} \quad \frac{360}{480} = \frac{180}{240} = \frac{120}{160} = \frac{90}{120} = \frac{72}{96} = \frac{60}{80} = \ldots = \frac{3}{4}$$

Et l'on comprend mieux l'expression 3/4 que 360/480.

4.

Prenez une ligne A B pour Unité, partagez-la en 4 parties égales, prenez-en 3 pour avoir les 3/4 ; ensuite, si chaque partie se partage en 2, cela donnera des *demi-quarts* ou des *8ièmes*, et vous verrez que la partie A C = les 3/4 ou 6/8 de la ligne entière.

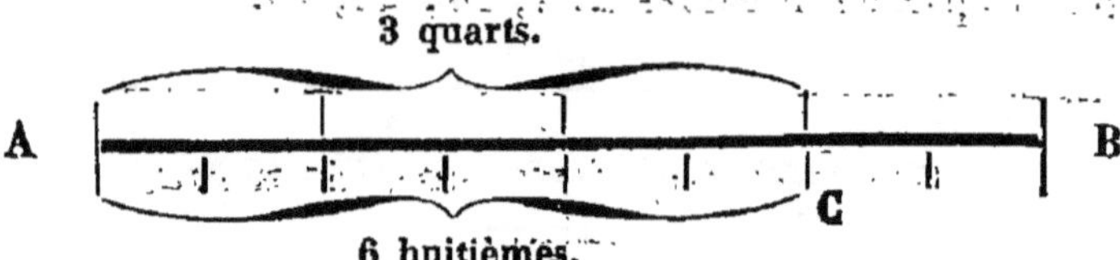

274. Règle. *Pour simplifier une fraction sans changer sa valeur*, il faut diviser à la fois ses deux termes par un même nombre.

Essayez de simplifier autant que possible les fractions,

$$\frac{28}{56} \quad \frac{45}{72} \quad \frac{900}{360} \quad \frac{4200}{5600} \quad \frac{320}{480} \quad \frac{53}{71} \quad \frac{85}{39}$$

en vous rappelant la Table de Pythagore, et vous aurez

$$\frac{1}{2} \quad \frac{5}{8} \quad \frac{5}{2} \quad \frac{3}{4} \quad \frac{2}{3} \quad \frac{53}{71} \quad \frac{85}{39}$$

Les fractions telles que ces dernières se nomment *irréductibles*, parce qu'elles ne peuvent pas se *réduire* à une plus simple expression.

275. Vous savez déjà qu'un nombre est divisible par 2, quand il est terminé à droite par un des chiffres *pairs* 0, 2, 4, 6, 8 ; et qu'un nombre est divisible par 5, quand il est terminé par un 0 ou un 5. — Du reste, vous savez encore qu'un nombre est divisible par 10, 100, 1000......, quand il est terminé par 1, 2, 3..... zéros.

276. Maintenant, retenez encore qu'un nombre est divisible par 4, quand ses deux chiffres à droite expriment un Produit de 4, comme 12, 36, 80, 72..... Un nombre est divisible par 25, quand ses deux chiffres à droite expriment un Produit de 25, comme 25, 50 ou 75.

Essayez les nombres 1512, 936, 7380, 2462.....; 1425, 3250, 8547.

277. Enfin un nombre est divisible par 9, ou par 3, quand la *somme* de ses chiffres pris absolument est un multiple de 9 ou de 3. Ainsi, les nombres 2104731 et 5469312, parce que 2+1+4+7+3+1=18 multiple de 9, et 5+4+6+9

+3+1+2=30 multiple de 3 ; mais 43175 et 893167 ne le sont
pas. Dans la Pratique, en additionnant les chiffres du nombre, on passe tous les 9, quand il s'agit de 9, et tous les 3, les 6
et les 9, quand il s'agit de 3, parce que ce sont évidemment des
multiples de 3.

278. Ces diverses propriétés se démontrent dans les grandes
Arithmétiques, et sont accompagnées d'une opération qu'on
nomme la *Preuve par 9* ; mais je ne vous ferai pas connaître ce
moyen de vérification, que des auteurs de mérite appellent au
reste une *demi-preuve*, parce qu'il peut très-facilement trom-
per celui qui s'en sert.

Avec ce qui précède, simplifiez les fractions

1944	1260	10125	30375	242800
4536	2940	18215	54645	437160

279. Enfin, je termine, en vous montrant simplement la
RÈGLE PRATIQUE *pour simplifier tout d'un coup la forme
d'une fraction, autant que possible, ou pour la réduire à sa
plus simple expression.* Il suffit de diviser ses deux termes par
leur *plus grand commun Diviseur*, c'est-à-dire, par le plus
grand de tous les nombres qui puissent diviser exactement les
deux termes. Et, pour trouver ce nombre, on divise le plus
grand terme par le plus petit ; puis, le plus petit par le reste, s'il
y en a un ; puis, le 2e reste par le 1er ; puis, le 3e par
le 2e....., etc., jusqu'à ce qu'on arrive à un Quotient exact.
Et, quand on a bien opéré, c'est le dernier Diviseur trouvé qui
est le plus grand commun Diviseur demandé.

280. Soit, par exemple, les nombres 90 et 24, puis 45 et 16 ;
on pose les quotients au-dessus des Diviseurs, parce que les Diviseurs deviennent Dividendes à leur tour ; voici l'opération :

90	3 24	1 18	3 6		45	2 16	1 13	4 3	3 1
18	6	0	0		13	3	1	0	

On trouve que 6 est le plus grand commun Diviseur entre 90
et 24, et que 1 l'est entre 45 et 16. Alors, les fractions 90/24
et 24/90 deviendraient 15/4 et 4/15 ; mais les fractions 45/16
et 16/45 resteraient les mêmes ou sont irréductibles.

Simplifiez de même toutes les fractions précédentes que vous
avez déjà traitées en détail par d'autres moyens.

TRENTE-SIXIÈME CONFÉRENCE.

COMPARAISON DES FRACTIONS.

281. Mes Enfants, je vais vous apprendre à *comparer* les fractions. Vous savez bien déjà que 3/4 est plus petit que 5/4, et qu'il y a 2/4 ou 1/2 de différence. Vous voyez encore que 5/8 est plus petit que 5/6 ; mais vous ne savez pas de combien, et je ne puis pas encore vous le dire. Enfin, vous ne verriez peut-être pas quelle est la plus grande des deux fractions 7/9 et 43/56 ; c'est parce qu'elles ne sont pas de la même espèce, ou qu'elles n'ont pas le même Dénominateur. Hé bien ! je vais vous apprendre à les y *réduire*.

282. **Règle.** *Pour réduire deux fractions au même Dénominateur,* il faut multiplier les deux termes de chacune d'elles par le Dénominateur de l'autre, c'est-à-dire, en détail, multiplier les deux termes de la 1re par le Dénominateur de la 2e, et multiplier les deux termes de la 2e par le Dénominateur de la 1re. De cette manière, elles changent de forme sans changer de valeur, et leur Dénominateur devient le même, puisque le Produit de deux facteurs ne change pas, dans quelque ordre qu'on les multiplie.

Ex. Les deux fractions 3/4 et 5/7 deviennent 21/28 et 20/28. De même, 8/9 et 3/5 deviennent 40/45 et 27/45.

Réduisez encore 13/17 et 8/15 ; 4/7 et 7/4 ; 19/23 et 19/24 ; enfin, 153/218 et 425/609.

283. **Règle générale.** *Pour réduire plusieurs fractions au même Dénominateur,* il faut multiplier les deux termes de chacune d'elles par le Produit des Dénominateurs de toutes les autres. Ainsi, pour 4 fractions, on multiplie les deux termes de la 1re par le Produit des Dénominateurs des 3 autres; ensuite, on multiplie les deux termes de la 2e par le Produit des Dénominateurs des 3 autres, et ainsi de suite.

Ex. Soit à réduire au même Dénominateur les fractions 2/5, 3/4, 7/8, 1/9 ; on multiplie les deux termes de la 1re par 4, par 8 et par 9, c'est-à-dire par $4 \cdot 8 \cdot 9$

$=288$; puis les 2 termes de la 2e par $5 \cdot 8 \cdot 9 = 360$; puis les 2 termes de la 3e par $5 \cdot 4 \cdot 9 = 180$; enfin les 2 termes de la 4e par $5 \cdot 4 \cdot 8 = 160$, et l'on a

$$\frac{2 \cdot 288}{5 \cdot 288} \qquad \frac{3 \cdot 360}{4 \cdot 360} \qquad \frac{7 \cdot 180}{8 \cdot 180} \qquad \frac{1 \cdot 160}{9 \cdot 160}$$

ou bien
$$\frac{576}{1440} \qquad \frac{1080}{1440} \qquad \frac{1260}{1440} \qquad \frac{160}{1440}$$

ce qui réduit toutes les fractions en 1440ièmes.

Réduisez de même les fractions 3/4 3/5 3/8 3/10 et 3/16 ; ensuite, 7/15 2/9 8/25 13/40 et 51/64.

284. Dans la Pratique, il arrive souvent que les fractions ont des Dénominateurs qui se déduisent les uns des autres ou qui ont des facteurs communs ; alors, on peut réduire un peu plus simplement. Ainsi, les *quarts* se réduisent en *demi-quarts* ou en 8ièmes, en multipliant les deux termes par 2, parce que 2 fois 4 font 8. De même, des *tiers* se réduiraient en 12ièmes, en multipliant par 4, parce que 4 fois 3 font 12. Enfin, des *quarts*, des 6ièmes, des 12ièmes, des 16ièmes, se réduiraient en 48ièmes, en multipliant par 12, par 8, par 4, par 3, parce que $48 = 12$ fois $4 = 8$ fois $6 = 4$ fois $12 = 3$ fois 16.

Ex. $\dfrac{3}{4}$ et $\dfrac{7}{8}$ deviennent $\dfrac{3 \cdot 2}{4 \cdot 2}$ ou $\dfrac{6}{8}$ et $\dfrac{7}{8}$

Pareillement $\dfrac{2}{3}$ et $\dfrac{5}{12}$ deviennent $\dfrac{2 \cdot 4}{3 \cdot 4}$ ou $\dfrac{8}{12}$ et $\dfrac{5}{12}$

De même $\dfrac{3}{4}$ $\dfrac{5}{6}$ $\dfrac{7}{1}$ $\dfrac{15}{16}$ deviennent aussi

finalement $\dfrac{36}{48}$ $\dfrac{40}{48}$ $\dfrac{28}{48}$ $\dfrac{45}{48}$ en multipliant par les

Nombres 12 8 4 3 qui sont respectivement les Quotients du Dénominateur commun 48 par les Dénominateurs 4 6 12 16.

285. Alors, pour trouver ce Dénominateur commun 48, il faut essayer si le plus grand 16 est divisible par tous les autres ; s'il l'est, on le prend ; mais s'il ne l'est pas, on le *double*, on le *triple*....., etc., jusqu'à ce qu'on l'ait rendu multiple de tous les Dénominateurs donnés. Ensuite, on le divise par tous ces Dénominateurs, et l'on multiplie les Quotients par les Numérateurs correspondants ; enfin, on donne à tous les Produits le

Dénominateur commun. — Ici, par exemple, 16 est multiple de 4, mais il ne l'est pas de 6 ni de 12; on le *double*, ce qui donne 32, qui ne l'est pas non plus; on le *triple*, il devient 48, qui est multiple de 4, de 6, de 12 et de 16. On prend donc 48; on le divise par 4, par 6, par 12 et par 16; on trouve 12, 8, 4 et 3; alors 12×4 donne 48; donc 12 est le nombre par lequel il faut multiplier les deux termes de la fraction 3/4 pour la réduire en 48ièmes. — Répétez la même chose pour les autres. — Réduisez aussi au même Dénominateur les fractions 17/30 8/15 19/20 3/4 5/12 1/6 9/10 et 4/5 vous trouverez 60, tandis que le Dénominateur commun obtenu en général serait 30 . 15 . 20 . 4 . 12 . 12 . 6 . 10 . 5 = 129600000.

286. En général, *pour comparer ensemble deux ou plusieurs fractions*, on les réduit d'abord au même Dénominateur, et il n'y a plus ensuite qu'à comparer leurs Numérateurs. Ainsi, pour savoir quelle est la plus grande des 2 fractions 4/7 et 8/15, on les réduit à la même espèce; on trouve 60/105 et 56/105; alors, on peut dire que la 1re 4/7 est plus grande que 8/15.

287. Quand on *augmente*, ou qu'on *diminue* le Numérateur d'une fraction, sans toucher au Dénominateur, on voit bien que la fraction *augmente* aussi, ou *diminue* d'autant de parties égales, parce que l'espèce ne change pas. Ainsi 5/8 *augmente*, si l'on met 6/8 7/8 8/8....., etc.; mais elle *diminue*, si l'on pose 4/8 .3/8 .2/8.

Au contraire, si l'on *augmente*, ou si l'on *diminue* le Dénominateur d'une fraction, sans toucher au Numérateur, alors la fraction *diminue*, ou *augmente*; mais on ne peut pas *dire de combien*, parce que l'espèce varie. Ex. 5/8 *diminue* en posant 5/9 5/10 5/11, et *augmente* en mettant 5/7 5/6 5/5.

288. Quand on *augmente*, ou qu'on *diminue d'un même nombre* les deux termes d'une fraction vraie, elle *augmente*, ou *diminue*, et le contraire a lieu, si c'est un nombre fractionnaire. Ex. Soit 3/5 et 5/3, si l'on ajoute une unité à chaque

$$\text{terme, on trouve d'abord }\quad \frac{3}{5}\ \text{et}\ \frac{4}{6},\ \text{ou}\ \frac{18}{30}\ \text{et}\ \frac{20}{30};$$

$$\text{ensuite }\quad \frac{5}{3}\ \text{et}\ \frac{6}{4},\ \text{ou}\ \frac{20}{12}\ \text{et}\ \frac{18}{12}.$$

On peut essayer d'ajouter d'autres nombres, tels que 6, 9, 15, aux deux termes d'une fraction quelconque 8/13 et 13/8.

TRENTE-SEPTIÈME CONFÉRENCE.

CALCUL DES FRACTIONS.

289. Mes Enfants, le *Calcul des fractions ordinaires* renferme les 4 opérations fondamentales que vous connaissez déjà; mais il faut quelques précautions pour les *définir*, les *indiquer* et les *faire* convenablement, quand il s'agit de simples fractions et de quantités fractionnaires. Lorsqu'une opération doit se faire sur une fraction, il faut mettre le *signe* de l'opération vis-à-vis le trait de la fraction; et quand il y a des quantités fractionnaires, il faut toujours les mettre entre parenthèses.

ADDITION.

290. Définition. L'*Addition des fractions* sert à trouver la somme de plusieurs fractions de même espèce principale.

291. Règle. L'Addition des fractions en général présente *deux cas principaux;* ou bien, elles ont le même Dénominateur, ou elles ne l'ont pas. Si elles ne l'ont pas, on les y réduit; puis on *ajoute* les Numérateurs entre eux, et l'on divise la somme par le Dénominateur commun, pour tirer du Résultat le Nombre entier qu'il pourrait contenir.

292. Pratique. *Dans la Pratique* de l'Addition, on pose les fractions les unes sous les autres avec le trait oblique, de manière que les Numérateurs se correspondent verticalement, ainsi que les Dénominateurs, et l'on opère comme pour les Nombres entiers.

Quand il faut réduire les fractions au même Dénominateur, on se contente de mettre ce Dénominateur commun une fois, à droite des Numérateurs réduits, et cela simplifie le calcul.

293. Voici plusieurs exemples avec une Addition de Nombres concrets, pour mieux faire comprendre.

Ainsi, $5^f + 3^f + 9^f = 17^f$, et de même

5 *huitièmes* + 3 *huitièmes* + 9 *huitièmes* = 17 *huitièmes*,

ou bien $\dfrac{5}{8} + \dfrac{3}{8} + \dfrac{9}{8} = \dfrac{5+3+9 \text{ ou } 17}{8} = 2 + \dfrac{1}{8}$

```
                                    24
  5f    5/8          13/12     2    26
  3f    3/8           5/ 6     4    20    | 24
  9f    9/8           7/ 8     3    21
 ----  -----         ----------------------------
  17f   17/8         2 + 19/24      67 | 24
 Somme.  1|2 + 1/8       ou         19 | 2
                       3 — 5/24
```

Repassez bien tout ce calcul, et faites de même la somme des fractions 5/9 3/8 7/24 19/36; ensuite 7/48 13/24 5/8 11/32 15/16.

294. Quantités fractionnaires. *Quand on veut ajouter ensemble des quantités fractionnaires*, il faut les poser régulièrement les unes sous les autres, et opérer d'abord sur les fractions, puis sur les Nombres entiers, en ayant soin d'y ajouter le Nombre entier qui peut se trouver dans la somme des fractions. Exemple :

```
                                    24
   6 + 7/8           9 +  3/ 4     6   18
  14 + 3/8           7 +  5/ 8     3   15   | 24
   5 + 6/8          14 + 11/12     2   22
 -----------        -----------------------------
  27   16/8         32 +  7/24         55  | 24
       0|2                             7   | 2
```

295. Si des fractions ont le signe —, il faut changer les quantités en d'autres ayant le signe +, comme 7 — 1/4 en 6 + 3/4; 9 — 2/5 en 8 + 3/5; puis on opère à la manière ordinaire.

296. Problèmes. I. Combien 3 heures et 1/2, 7 heures 1/4, 9 heures, 5/4 d'heures et 6 heures — 1/4 font-elles de temps? — Rép. 27 heures — 1/4.

II. Combien valent ensemble la *moitié*, le *tiers*, le *quart* et le *demi-quart* d'une chose quelconque? — Rép. 29/24 ou 1 fois + 5 fois 1/24 de la chose. Vous savez que 3 et 1/2 font 7/2; réduisez de même 3 heures et demie, 3 quarts et demi, 4/5 et demi,

$$\text{en écrivant} \quad \frac{3\frac{1}{2}}{4} = 7/2 \text{ quarts ou } 7/8; \quad \frac{4\frac{1}{2}}{5} = \frac{9}{10}.$$

III. Combien valent en somme les 2/3 et demi, les 3/4 et demi, les 4/5 et demi et les 5/6 et demi d'une quantité quelconque ? — Rép. 3 fois plus ses 21/40.

TRENTE-HUITIÈME CONFÉRENCE.

SOUSTRACTION.

297. Définition. *La Soustraction des fractions* en général sert à trouver la différence de deux fractions de la même espèce principale.

298. Règle. *La Soustraction des fractions présente deux principaux cas ;* ou elles ont le même Dénominateur, ou elles ne l'ont pas. Si elles ne l'ont pas, on les y réduit ; puis on soustrait les Numérateurs entre eux, et l'on divise le reste par le Dénominateur commun. Dans la Pratique, on pose la plus petite fraction sous la plus grande, comme dans l'Addition, avec un trait horizontal. Ex. 5/8 ôtés de 9/8, donnent 4/8, comme 5ᶠ ôtés de 9ᶠ, donnent 4ᶠ, et l'on poserait

$$\frac{9}{8} \quad \frac{5}{8} = \frac{9 - 5 \text{ ou } 4}{8} = \frac{4}{8} \text{ ou } \frac{1}{2}.$$

9ᶠ	9/8	41/12	2	82	24
5ᶠ	5/8	7/ 8	3	21	
4ᶠ	4/8	2 + 13/24		61	24
	ou 1/2			13	2

299. Quantités fractionnaires. *Quand il y a des Quantités fractionnaires dans la Soustraction,* on opère d'abord sur les fractions, puis sur les entiers. Ensuite, si la fraction inférieure égale l'autre, il ne reste rien aux fractions. Enfin, si la fraction inférieure surpasse l'autre, on ajoute à cette autre *une unité* réduite en fractions ; on retranche ; mais on reporte *cette unité* au nombre entier inférieur pour qu'il y ait compensation, comme dans la Soustraction des nombres entiers (n° 131) :

$$12 + 4/5 \qquad 8 + 2/3 \qquad 9 \qquad\qquad 7 + 3/10$$
$$\underline{9 + 3/5} \qquad \underline{1 + 2/3} \qquad \underline{3 + 5/6} \qquad \underline{1 + 9/10}$$
$$3 + 1/5 \qquad 7 \text{ exactement.} \qquad 5 + 1/6 \qquad 5 + 4/10$$

300. Quand il y a des fractions avec le signe —, il faut changer les Quantités en d'autres ayant des fractions avec le signe +. Exemple :

$$(9 — 1/4) — (5 + 1/4) = (8 + 3/4) — (5 + 1/4) = 3 + 1/2.$$

301. PROBLÈMES. I. S'écoule-t-il le même temps de 7 heures 1/2 du matin à 9 heures — 1/4 du soir, que de 9 heures — 1/4 du soir à 7 heures 1/2 du matin ? — Rép. 2 heures 1/2 de différence.

II. Que manque-t-il à 3/4 et demi, pour que le résultat contienne 5 — 1/3 de plus que 6/7 ? — Rép. 4 + 109/168.

TRENTE-NEUVIÈME CONFÉRENCE

MULTIPLICATION.

302. MES Enfants, la Multiplication des fractions présente des résultats tout singuliers au premier coup d'œil, mais qui pourtant s'expliquent aisément.

Définition. *La multiplication des fractions* en général est une opération qui sert à composer un Produit avec le Multiplicande, exactement comme le Multiplicateur se compose avec l'unité (Rappelez-vous mon petit *Régiment de Bouchons* du n° 233). Vous savez déjà que multiplier un Nombre 12, par exemple, par 3, c'est en *prendre le triple* ou le prendre 3 fois, parce que le Multiplicateur 3 = 3 fois l'unité. — De même, multiplier 12 par 5, par 7, par 10, par 38....., etc. — A présent, multiplier 12 par 5/8, *c'est en prendre 5 fois le 8ᵉ*, parce que le Multiplicateur 5/8 se forme de 5 fois le 8ᵉ de l'unité. — De même, multiplier 12 par 3/4, par 1/6, par 7/9, par 56/15....., etc. — Enfin, multiplier un Nombre par 4 + 7/8, c'est prendre 4 fois le Multiplicande, puis y ajouter les 7/8 du même Nombre. — De même, multiplier par 5—1/8 ou par 39/8, c'est prendre 5 fois le Nombre, et soustraire du Résultat le 8ᵉ du Multiplicande, ou enfin, c'est prendre 39 fois le 8ᵉ du Nombre proposé.

303. La Multiplication des fractions en général offre 3 *cas principaux*, suivant qu'il s'agit de multiplier : 1°. *une fraction par un Nombre entier*; 2°. *un Nombre entier par une fraction*; 3°. *deux fractions l'une par l'autre.*

304. 1ᵉʳ Cas. *Pour multiplier une fraction par un Nombre entier*, on multiplie le Numérateur par l'entier, puis on divise le Produit par le Dénominateur (On a déjà vu cela n° 262).

Ainsi, 5/6 multiplié par 18 = 18 fois 5/6 = 90/6, comme on dirait 5 mètres × 18 = 18 fois 5 mètres = 90 mèt.

Voici un exemple de la disposition du calcul :

5/6	17/14	35/48
18	43	48
——	——	——
90/6	51	280
30〡15	68	140
0	——	——
	731/14	1680〡48
	31〡52 + 3/14	240〡35
	3	0

305. 2ᵉ Cas. *Pour multiplier un Nombre entier par une fraction*, on multiplie l'entier par le Numérateur, puis on divise le Produit par le Dénominateur. Ainsi 8 × 3/4 = 3 fois 1/4 de 8 = 8 . 3 : 4 = 24/4 = 6. En effet, multiplier 8 par 3/4, c'est en prendre 3 fois 1/4, puisque le Multiplicateur 3/4 se compose de 3 fois 1/4 de l'unité. Or, pour avoir 1/4 de 8, il faut diviser 8 par 4, ce qui donne 8/4; et puis il faut multiplier ce Résultat 8/4 par 3, ce qui donne 3 fois 8 ou 24/4 = 6.

Dans les usages ordinaires, on dit bien volontiers le quart de 8 est 2, et les 3/4 valent 3 fois 2 ou 6; c'est très-simple; mais cela ne réussit pas toujours, en commençant par la division :

$$\begin{array}{ccc}
8 & 15 & 2 \\
3/4 & 7/8 & 36\,/29 \\
\hline
24/4 & & 174 \\
& 105/8 & 87 \\
0\,|\,6 & 25\,|\,13 + 1/8 & \\
& 1 & 1044\,|29 \\
& & 174\,|36 \\
& & 00
\end{array}$$

306. 3e Cas. *Pour multiplier deux fractions l'une par l'autre*, on multiplie d'abord les Numérateurs entre eux, puis les Dénominateurs entre eux ; ensuite, on divise le 1er Produit par le second.

$$\text{Ainsi } \frac{3}{4} \times \frac{5}{6} = 5 \text{ fois } \frac{1}{6} \text{ de } \frac{3}{4} = \frac{3}{4} : 6 \text{ et} \times 5 = \frac{3 \cdot 5}{4 \cdot 6} = \frac{15}{24}.$$

$$\begin{array}{ccc}
3/4 & 42/17 & 8/9 \\
5/6 & 13/15 & 9/8 \\
\hline
15/24 & 126 \quad 85 & 72/72 \\
\text{ou} \quad 5/8 & 42 \quad 17 & \\
& & \text{ou} \quad 1 \\
\text{en simplifiant.} & 546\,|255 & \\
& 36 & \\
& 2 + 36/255 & \\
& 2 + 12/85. &
\end{array}$$

307. Remarques. Remarquez bien, d'après ce qui précède, que

$$\frac{8}{9} \times 4 = 4 \times \frac{8}{9} = \frac{32}{9} \text{ et } \frac{3}{4} \times \frac{5}{6} = \frac{5}{6} \times \frac{3}{4} = \frac{15}{24};$$

alors, 4 fois 8/9 = les 8/9 de 4 = 32/9 ;

Ensuite, les 5/6 de 3/4 = les 3/4 de 5/6 = 15/24.

308. Le Produit d'un nombre quelconque, par *une fraction vraie*, est moindre que le Multiplicande, puis-

— 93 —

qu'il n'en est qu'une partie. Ainsi, les 8/9 de 4, ou
4 × 8/9 = seulement 32/9 = 3 + 5/9.

De même, le Produit de deux fractions vraies est moindre
que chaque facteur, puisqu'il n'en est qu'une partie. Ainsi 15/24
est les 5/6 de 3/4 ou les 3/4 de 5/6. En général, les Produits de
fractions ne dépendent point de l'ordre dans lequel on les multiplie; et ces résultats se nomment *Fractions de Fractions*.

309. FRACTIONS DE FRACTIONS. Ce sont des parties
égales d'une Fraction. *Pour les évaluer*, ou divise le Produit
des Numérateurs par celui des Dénominateurs. Ex. Pour avoir
les 3/4 des 5/6 d'un nombre, il faudrait d'abord naturellement
en prendre 3 fois le quart, et puis 5 fois le 6ième de ces 3/4.
Ainsi les 3/4 des 5/6 de 29 = 29 : 6 et × 5, puis : 4 et × 3
= 29 . 5 . 3 et divisé par 6 . 4;

$$\text{alors les } \frac{3}{4} \text{ des } \frac{5}{6} \text{ de } 29 = 29 \times \frac{5}{6} \times \frac{3}{4} = \frac{29 . 5 . 3}{6 . 4} = 18 + \frac{8}{8}.$$

310. *Lorsque dans la Multiplication il y a quelque quantité
fractionnaire*, on peut la réduire d'abord en fraction, et opérer
ensuite comme pour les fractions.

<table>
<tr><td>8 + 3/4
× 7</td><td>4 — 1/3
5/6</td><td>13 + 2/5
9 — 1/4</td></tr>
<tr><td>ou 35/4
× 7</td><td>11/3
5/6</td><td>67/5
35/4</td></tr>
<tr><td>245 | 4
05
1 | 61 + 1/4</td><td>55 | 18
1
  3 + 1/18</td><td>335
201
2345 | 20</td></tr>
</table>

etc.

On opérerait aussi de même, s'il fallait multiplier un entier,
ou une fraction par une quantité fractionnaire, comme 7 par
(8 + 3/4), ou 5/6 par (4 — 1/3), ou même des fractions ordinaires par des fractions décimales, et réciproquement, comme
$\frac{2}{3}$. 4,86 et 8,347 . (4 — $\frac{2}{9}$), ou enfin des Nombres complexes comme les $\frac{5}{7}$ de (3j 8ʰ 17′ 1/2).

QUARANTIÈME CONFÉRENCE.

FIN DE LA MULTIPLICATION.

311. PARTIES ALIQUOTES. Les fractions usuelles ne sont guère que des *demies*, des *tiers*, des *quarts*, des *sixièmes*, des *huitièmes*, et alors on peut pratiquer la Multiplication d'une autre manière qu'il est bon de connaître. Elle s'exécute en décomposant ces fractions données en *quelques autres* plus simples; et ce moyen s'appelle la *Méthode des Parties aliquotes*. Ainsi, 3/4 se décompose en 2/4 et 1/4, ou bien en 1/2 et 1/4 qui est la *moitié*, puis la moitié de 1/2. Donc, pour multiplier un nombre par 3/4, on peut en prendre d'abord la *moitié*, puis la *moitié* de cette moitié, et ajouter ensemble les deux résultats. De même, 5/6 valent 3/6 et 2/6, ou 1/2 et 1/3; alors, pour avoir les 5/6 d'un nombre, on peut en prendre d'abord la *moitié*, puis le *tiers*, et l'on ajoute.

312. Prenons deux exemples:

	958				$259 + 5/6$			
	3/4				7/8			
3, (2/4	479		7 (4/8	129	11/12	44		
—			— (2/8	64	23/24	46	48	
4 (1/4	239 1/2		8 (1/8	32	23/48	23		
	718 1/2			227	17/48	113	48	
						17		
							2	

Dans le 1er exemple, on décompose 3/4 en 2/4 et 1/4; on prend la *moitié* de 958, ce qui donne 479; puis la *moitié* de 479, ce qui donne 239 1/2; c'est le quart de 958; on ajoute, et l'on a 718 1/2. — Dans le 2e exemple, on décompose 7/8 en 4, 2 et 1 huitièmes; alors, on prend la *moitié* de tout le Multiplicande 259 + 5/6; puis la *moitié* de cette *moitié*, etc. On réduit naturellement les fractions en 48ièmes, puisque 48 est double de 24, qui l'est lui-même de 12; on ajoute; on tire l'entier, et finalement on a le Résultat. — Si les deux facteurs à multiplier étaient des quantités fractionnaires, ce serait plus minutieux, mais on opérerait d'une manière analogue.

313. SIMPLIFICATION. Quand on multiplie des fractions les unes par les autres, les deux termes peuvent renfermer des facteurs communs, et alors on peut les supprimer par la division; ce qui simplifie beaucoup les calculs sans altérer le résultat.

$$\text{Ex.}\quad \frac{8 \cdot 3}{3 \cdot 4} = \frac{8}{4} = 2 \quad\bigg|\bigg|\quad \frac{14 \cdot 5}{30 \cdot 14} = \frac{5}{30} = \frac{1}{6}$$

en divisant par 3. $\qquad$ en divisant par 14, puis par 5.

$$\text{De même}\quad \frac{7 \cdot 12 \cdot 15 \cdot 8 \cdot 13}{8 \cdot 3 \cdot 30 \cdot 4} = \frac{7 \cdot \overset{1}{12} \cdot \overset{1}{15} \cdot \overset{1}{8} \cdot 13}{\underset{1}{8} \cdot \underset{1}{3} \cdot \underset{2}{30} \cdot \underset{1}{4}} =$$

$$= \frac{7 \cdot 1 \cdot 1 \cdot 1 \cdot 13}{1 \cdot 1 \cdot 2 \cdot 1} = \frac{7 \cdot 13}{2} = \ldots$$

Je divise les deux termes par 8, et je pose les quotients 1 au-dessus du Numérateur et au-dessous du Dénominateur, pour me rappeler les facteurs qui disparaissent. Je divise ensuite par 12 au Numérateur, et par 3 . 4 au Dénominateur, ce qui revient au même. Enfin, je divise par 15 ; je multiplie les quotients et les facteurs restants ; et j'ai 91/2 = 45 + 1/2, ce qui est plus simple que d'effectuer tous les calculs, car on trouverait 131040/2880.

314. Pour vous exercer, effectuez d'abord avec *détail*, et puis avec *simplification* les Produits suivants :

$$\frac{15}{8} \times \frac{24}{35} \times \frac{8}{9} \times \frac{42}{25} \times 70; \quad \frac{9}{20} \times \frac{5}{6} \times \frac{40}{81} \times \frac{30}{49} \times \frac{63}{25};$$

$$\left(7+\frac{1}{2}\right)\frac{8}{9}\times 6; \text{ et } \left(3+\frac{3}{4}\right)\left(8+\frac{1}{3}\right)\frac{6}{35}\times 42\times\frac{17}{49}\left(6-\frac{2}{5}\right)\left(9-\frac{3}{10}\right);$$

$$\frac{5}{8}\cdot 0,36; \quad \left(4-\frac{3}{7}\right)\cdot 6,51; \quad 2,4\cdot\frac{7}{9}\cdot\left(4+\frac{3}{8}\right)0,15; \quad \left(3-\frac{1}{7}\right)-$$

315. Résolvons ensemble une petite question.

ÉNONCÉ. *Combien coûtent les 3/4 d'un mètre de toile à 7f le mètre ?*

$$\text{C.}\quad \frac{3^{m}}{4}\qquad 7^{f}\qquad 1^{m}$$

SOLUTION. Si 1^m coûte 7^f, 1/4 de mètre vaudra 4 fois moins que 1^m ou 7 : 4; et 3/4 coûteront 3 fois plus que 1/4 ou 7 : 4 et × 3, ce qui fait 7 · 3/4 = 21/4 de franc, ou 5^f + 1/4, ou 5^f;25^c. Ici on voit qu'il a fallu multiplier 7^f par 3/4, puisque le prix demandé devait se composer avec 7^f, comme 3/4 se compose avec l'unité.

316. De même, le prix de 8^m 3/4 ou de 9^m — 1/4 s'obtiendrait en multipliant 7^f par 8 + 3/4, ou par 9 — 1/4, ou par 35/4, suivant les procédés ordinaires.

Cherchez aussi le prix de 3/4 de mètres, de 8^α + 3/4, ou de 9^m — 1/4, à raison de 26^f 1/2 le mètre.

317. PROBLÈMES. I. Trouver les 3/4 des 8/15 des 30/49 de 6 + $\frac{1}{8}$? — Rép. 1 + 1/2.

II. Combien valent les 2/3 des 16/27 de 8^l + 1/4, à raison des 3/4 des 5/6 de 19^f — 2/5 par litre? — Rép. 38^l — 1/9.

III. Un coupon de velours a 3^m 1/2 de long sur 1^m — 1/3 de large; un morceau de satin a 2^m 3/4 de long sur 8/10 de large; quelle différence y a-t-il entre eux? — Rép. 2/15.

IV. En 1 heure, une demoiselle a écrit 5 pages 1/2; combien 72 jeunes personnes en écriront-elles en 8 heures — 1/4? — Rép. 3069 pages.

V. Un paysan me vend la moitié de ses œufs et la moitié d'un œuf; puis, dans une autre maison, il vend la moitié de son reste et la moitié d'un œuf, et il lui en reste 8 : il n'en a point cassé; alors, combien en avait-il? — Rép. 35.

S'il devait y avoir 10 ventes consécutives dans le même genre et sans aucun reste, il faudrait d'abord 2047 œufs.

VI. Deux pensionnaires veulent faire des échanges, en convenant de donner 2 aiguilles pour 25 épingles, 40 épingles pour 6 boutons, 5 boutons pour 80 perles, et 50 perles pour 3 fleurs, combien faut-il d'aiguilles pour 24 fleurs? — Rép. 13 aiguilles et 1/3.

QUARANTE-UNIÈME CONFÉRENCE.

DIVISION.

318. MES ENFANTS, nous allons terminer aujourd'hui le calcul des fractions par la Division; elle est un peu minutieuse; mais avec un petit raisonnement, elle rentre dans la Multiplication.

Définition. *La Division des fractions en général
sert* à retrouver l'un des deux facteurs d'un Produit,
quand on connaît ce produit et l'autre facteur. Ainsi,
diviser 15 par 3/4, c'est trouver un nombre qui × 3/4
reproduise 15. Le Dividende 15 vaut donc le Quotient
× 3/4 ou 3 fois 1/4 du Quotient ; par conséquent, *au
contraire*, le Quotient vaut 4 fois 1/3 de 15, ou 15 × 4/3,
ce qui fait 60/3 = 20. Alors, diviser un Nombre par 3/4,
c'est le multiplier par la *fraction diviseur renversée* 4/3.
Expliquez de même la Division de 18 par 6/7 ; de 30
par 5/8 ; de 3/4 par 8/9 ; et de 5/6 par 5/6.

319. La Division des fractions en général présente
3 *cas principaux*, suivant qu'on doit diviser 1°. *une fraction par un Entier* ; 2°. *un Entier par une fraction* ;
3°. *deux fractions l'une par l'autre*.

320. **1er Cas**. *Pour diviser une fraction par un
Entier*, il faut diviser (quand c'est possible) le Numérateur par l'Entier, sans toucher au Dénominateur.
Ainsi 8/9, divisé par 4, donne 2/9, comme 8f. : 4 = 2f ;
mais le plus habituellement, il faut multiplier le Dénominateur par l'Entier, sans toucher au Numérateur
(Voyez n° 265). Ainsi 5/9 divisé par 4 = 5/36.

Cependant, si l'on voulait garder le Dénominateur de
la fraction, on pourrait diviser *à peu près* le Numérateur. Ainsi 7/8, divisé par 2, donne 3 et 1/2 huitièmes,
c'est-à-dire 3 *huitièmes et demi*. De même, 68/15, divisé
par 9, donne 7 à 8 *quinzièmes*.

321. **2e Cas**. *Pour diviser un Entier par une
fraction*, il faut multiplier l'Entier par le Dénominateur ; puis diviser le Produit par le Numérateur, c'est-
à-dire enfin multiplier le Dividende par la fraction diviseur *renversée* ou *retournée* ☞ ☜.

$$\text{Ex. } 15 : 3/4 = 4 \text{ fois } 1/3 \text{ de } 15 = 15 : 3 \text{ et} \times 4 = 15 . \frac{4}{3}$$
$$= 60/3 = 20 \text{ exactement.}$$

$$\text{De même } 18 : 18/43 = 18 \times \frac{43}{18} = 18 \times 43$$
$$\text{et} : 18 = 43.$$

Voici quelques exemples à étudier :

$$
\begin{array}{c|c}
15 & 3/4 \\
4\ /\ 3 & \\
\hline
60 & 3 \\
00 & \overline{20}
\end{array}
\qquad
\begin{array}{c|c}
29 & 5/6 \\
6\ /\ 5 & \\
\hline
174 & 5 \\
24 & \overline{37} \\
4 &
\end{array}
\qquad
\begin{array}{c|c}
18 & 18/43 \\
43/18 & \\
\hline
54 & \\
72 & \\
\hline
774 & 18 \\
54 & \overline{} \\
0 & 43
\end{array}
$$

Result. 20 $\qquad$ 4 + 4/5

322. 3e Cas. Enfin, *pour diviser deux fractions l'une par l'autre*, il faut multiplier la fraction dividende par la fraction diviseur *renversée* ☞ ☜.

Ex. $\dfrac{15}{8} : \dfrac{3}{4} = 4$ fois $\dfrac{1}{3}$ de $\dfrac{15}{8} = 15/8 : 3$ et $\times\, 4 = \dfrac{15 \cdot 3}{8 \cdot 4} = \ldots,$ etc.

En effet..... (Répétez ici le Raisonnement du n° 318).

$$
\begin{array}{c|c}
15\ /\ 8 & 3/4 \\
4\ /\ 3 & \\
\hline
60 & 24 \\
12 & \\
\hline
2 + & \tfrac{x}{3}
\end{array}
\qquad
\begin{array}{c|c}
20\ /\ 7 & 6/7 \\
7\ /\ 6 & \\
\hline
\text{ou } 20 & 6 \\
2 & \\
\hline
3 + & \tfrac{1}{3}
\end{array}
\qquad
\begin{array}{c|c}
52\ /\ 9 & 52/37 \\
37\ /\ 52 & \\
\hline
\text{ou } 37 & 9 \\
1 & \\
\hline
4 + & \tfrac{x}{9}
\end{array}
$$

Divisez encore 35/48 par 5/6, par 8/13, par 96/49, par 70/27, par 35/48 et par 48/35.

323. Remarque. Remarquez qu'en divisant 15 par 3/4, on a pour quotient 20 ; et, en général, quand on divise un nombre quelconque par *une fraction vraie*, on a toujours un résultat *plus grand* que le Dividende. C'est parce qu'on multiplie par le Dénominateur qui est plus grand que le Numérateur par lequel on divise.

324. Maintenant, rappelez-vous bien que *Multiplier un nombre par 3/4*, c'est en prendre 3 fois 1/3 ; et *Diviser un nombre par 3/4*, c'est en prendre 4 fois 1/3. Ainsi, quand il faut prendre, par exemple, les 3/4 d'un nombre, gardez-vous bien de dire qu'il faut le *diviser* par 3/4, puisqu'au contraire il faut *multiplier* par 3/4.

QUARANTE-DEUXIÈME CONFÉRENCE.

FIN DE LA DIVISION.

325. QUANTITÉS FRACTIONNAIRES. Dans la Division, lorsqu'il se trouve des quantités fractionnaires, il faut généralement les réduire en fractions, et opérer comme pour des fractions. Voici des exemples détaillés :

$$
\begin{array}{c|c}
\text{ou}\ \ \begin{array}{c}14 - 1/3 \\ 41\ /\ 3\end{array} & 6 \\[4pt]
\hline
\text{ou}\ \ \begin{array}{c}41 \\ 5\end{array} & 18 \\
& 2 + 5/18
\end{array}
\qquad
\begin{array}{c|c}
19 & \begin{array}{c}3 + 1/2 \\ 7\ /\ 2\end{array} \\
2/7 & \\[4pt]
\hline
38 & 7 \\
3 & 5 + 3/7
\end{array}
\qquad
\begin{array}{c|c}
\begin{array}{c}7 - 1/5 \\ 34\ /\ 5 \\ 4\ /\ 9\end{array} & \begin{array}{c}2 + 1/4 \\ 9\ /\ 4\end{array} \\[6pt]
\hline
136 & 45
\end{array}
$$

326. Divisez de même $(3 + 1/2)$ par $5/8$; $4/7$ par $(2 - 1/4)$; et gardez-vous bien d'*ajouter* ou de rien *retrancher* aux deux nombres proposés, quand même ils *paraîtraient* devoir se faire compensation. Essayez, par exemple, si, en divisant $(18 + 1/4)$ et $(18 - 1/4)$ par $(6 + 1/4)$, ou par $(6 - 1/4)$, on aurait le même Quotient que $18 : 6$ ou 3. Seulement, quand il y a des facteurs communs entre le Dividende et le Diviseur, *supprimez-les par division* entre les deux termes des Résultats ; mais voilà tout.

327. Résolvons ensemble une petite question :

ÉNONCÉ. *Combien vaut* 1^m *de drap, sachant que* $3/4$ *de mètre coûtent* 15^f ?

$$ \text{V} \quad 1^m. \qquad 3^m/4 \qquad 15^f. $$

$$
\begin{array}{c|c}
\begin{array}{c}15 \\ 4/3\end{array} & 3/4 \\
\hline
60 & 3 \\
0 & \\
& 20
\end{array}
$$

SOLUTION. Si je savais le prix du mètre, il faudrait le multiplier par $3/4$ pour avoir 15^f qui sont le prix des $3/4$ d'un mètre. Donc il faut diviser 15^f par $3/4$, ce qui donne $15 \cdot 4/3 = 60/3 = 20^f$ exactement.

On voit bien ici que c'est là une Division à faire. Mais, avec *le simple bon sens*, on peut dire : Si $3/4$ de mètre coûtent 15^f, 1 seul des $3/4$ coûtera 3 fois moins que les $3/4$, c'est-à-dire $15^f : 3$ ou 5^f, et les $4/4$ du mètre tout entier vaudront 4 fois plus que $1/4$, c'est-à-dire $5 \cdot 4 = 20^f$.

On conçoit alors qu'avec ce simple Raisonnement fort naturel, on peut se dispenser de connaître tout le détail de la Multiplication et de la Division des fractions.

328. Voici une question qui se rapporte à ces deux opérations en même temps.

ÉNONCÉ. *Combien valent les 5/8 d'un litre, quand les 3/4 d'un litre coûtent 19ᶠ?*

$$V \quad \frac{5^{l}}{8} \quad \frac{3^{l}}{4} \quad 19^{f}.$$

SOLUTION. Les 3/4 d'un litre valent 19ᶠ;

Donc 1/4 vaudra 3 fois moins ou $19 : 3$ ou $\dfrac{19}{3}$

Alors 4/4 ou 1 litre vaudra 4 fois plus

ou $\dfrac{19}{3} \times 4 = \dfrac{19 \cdot 4}{3}$

Ensuite 1/8 de litre coûtera 8 fois moins

ou $\dfrac{19 \cdot 4}{3} : 8 = \dfrac{19 \cdot 4}{3 \cdot 8}$

Enfin les 5/8 coûteront 5 fois plus

ou $\dfrac{19 \cdot 4}{3 \cdot 8} \times 5 = \dfrac{19 \cdot 4 \cdot 5}{3 \cdot 8} = \dots,$ etc.

329. Problèmes. I. Pendant les 5/6 d'un jour, on fait 17 mètres — 1/4, combien en ferait-on en 1 jour, en 3/4 de jour, en 18 jours 1/2, et en 14 jours — 1/3? — Rép. 20+1/10, 15+3/40, 372 — 3/20, 275 — 3/10.

II. Une demoiselle copie 3 pages 1/2 par heure, une autre 6 pages en 5/4 d'heure, et une troisième 8 pages — 1/4 en 3 heures; combien de temps mettront-elles à écrire 158 pages, et combien chacune aura-t-elle écrit? — Rép. 14ʰ,5 ou 14ʰ 1/2 environ et 50ᵖ,8, 69,6 et 37,5.

III. Deux enfants sont chargés de racler un jardin; le premier le raclerait en 3 heures, et le second en 4; combien de temps leur faudra-t-il pour le faire ensemble? — Réponse 12/7 d'heures, ou 1 heure 43 minutes.

IV. Devinez quel est le nombre dont la *moitié*, le *tiers* et le *quart* valent 546? — Rép. 504.

V. Combien coûtent les 2/3 des 3/4 de 5 kilog., sachant que les 3/4 des 5/6 de 7 kilog. ont coûté les 5/6 des 7/8 de 9ᶠ? — Rép. 3/4 de franc.

VI. Une vieille couturière, qui ne veut pas entendre parler de mètre, prend 4 aunes et 1/2 pour une robe d'enfant; combien une maman pourra-t-elle tirer de robes égales d'une pièce qui a 32ᵐ — 1/4, sachant que le mètre n'est que les 5/6 de l'aune; et combien chaque robe coûtera-t-elle, en supposant 56 sous de façon par robe, et 87ᶠ pour l'acquisition de toute la pièce? — Rép. 5 robes, et 17ᶠ,60ᶜ.

Maintenant, résolvez les questions suivantes, en disposant soigneusement les nombres de même espèce les uns sous les autres (comme vous allez le voir), pour les mieux comparer; et cherchez toujours ce que produit l'unité dans chaque cas (comme au nº 328).

VII. Combien d'heures faut-il à 24 ouvriers pour faire 62ᵐ d'un certain ouvrage, sachant qu'il a fallu 50 heures à 21 ouvriers pour faire 93ᵐ du même travail? — Rép. 29 heures 10 minutes.

$$\begin{array}{ll} \text{H} & 24_{\text{ouvriers}} \quad 62^{\text{m}} \\ 50^{\text{h}} & 21_{\text{ouvriers}} \quad 93^{\text{m}} \end{array} \quad \middle| \quad \text{H} = 50 \cdot \frac{21 \cdot 62}{24 \cdot 93} = \ldots\ldots$$

VIII. Combien faut-il placer d'argent à 5 1/2 pour 100 pendant 3 ans 8 mois 1/2 pour produire 968ᶠ? — Rép. 4746ᶠ,07ᶜ.

IX. Que revient-il à un jeune commis sur 856 kilog. 3/4 d'huile qu'on a vendus à 275ᶠ le quintal, sachant qu'on lui promet 3 1/2 pour 100? — Rép. 84ᶠ,46ᶜ.

X. On promet 2 centimes 1/2 par franc à une ouvrière dans un comptoir de modiste; au bout de 8 mois et 20 jours ou 2/3, elle a reçu 387ᶠ,50ᶜ; alors, combien se fait-il d'affaires par an dans la maison, et combien l'ouvrière aura-t-elle au bout de 4 ans que doit durer son bail avec la maîtresse? — Rép. 279000ᶠ et 2146ᶠ,15.

XI. Trouver la Somme et la Différence, le Produit et le Quotient ou le Rapport des nombres 5/7 et 0,13; ensuite de 4,9 et 6 — 1/4; enfin des 5/6 de 3,108 et des 0,04 de 17 — 1/3.

XII. Calculer à moins d'un demi-millimètre, combien on fera d'ouvrage dans les 3/4 de 15 heures et demie moins 3 minutes, sachant que les 0,9 de 8 heures — 1/4 ont suffi pour faire les 2/3 de 41ᵐ,37? — Rép. 47ᵐ,878.

QUARANTE-TROISIÈME CONFÉRENCE.

RÈGLES DE TROIS.

330. Mes Enfants, jusqu'à présent, vous savez résoudre bien des questions d'Arithmétique à l'aide des 4 *Règles* ou des 4 opérations fondamentales; mais, maintenant que vous avez le moyen de trouver le *Rapport* ou le Quotient de deux nombres entiers, ou fractionnaires quelconques, je vais vous indiquer une manière de résoudre une classe nombreuse de questions, qu'on nomme généralement *Règles de Trois*; et cette manière toute naturelle que vous connaissez déjà, sans vous en

douter, j'en suis sûr, nous l'appellerons., si vous voulez , *Méthode des Rapports.*

331. Un RAPPORT? — C'est le Quotient de deux nombres. Ainsi 12 : 4, ou 12/4 = 3, est le *rapport* de 12 à 4; mais celui de 4 à 12 est, au contraire, 4 : 12 = 4/12 = 1/3. En sorte que 12 vaut 3 fois 4 ou 3 fois *plus* que 4; et au contraire, 4 vaut seulement 1/3 de 12, c'est-à-dire 3 fois *moins* que 12. Ainsi, entre 12 et 4, le *rapport direct* est le Quotient de 12 : 4 ou 12/4, dans l'ordre naturel où l'on donne les nombres; et 4 : 12 ou 4/12 est au contraire le *rapport inverse*, ou le Quotient renversé.

De même 5/8 ou 5 : 8 est le rapport *direct* entre 5 et 8, tandis que 8/5 ou 8 : 5 est le rapport *inverse*. Du reste, le premier terme d'un rapport se nomme toujours l'*Antécédent*, et l'autre, le *Conséquent*.

Vous savez que le Rapport, ou le Quotient de deux quantités fractionnaires quelconques, peut toujours se réduire à une simple fraction entre deux nombres. Ainsi les 7/8 de 9,2 valent 3/5, par rapport aux 21/40 de 26 = 4/9. Enfin, rappelez-vous qu'on multiplie ou qu'on divise un Rapport par un nombre, ou un nombre par un Rapport, ou enfin deux Rapports entre eux, suivant les règles données pour le calcul des fractions.

332. PROPORTION. On appelle *Proportion* l'indication d'une égalité de Rapports; ainsi 12 : 4 = 3 et 18 : 6 = 3; alors, les deux Rapports 12 : 4 et 18 : 6 sont égaux, et l'on peut écrire 12 : 4 = 18 : 6. Mais on écrit aussi 12 : 4 :: 18 : 6, en remplaçant le signe = par les 4 points ::, et l'on énonce en disant que 12 *est à 4 comme* 18 *est à* 6. Cela signifie que 12 est *par rapport à 4*, comme 18 est *par rapport à 6*; effectivement, 12 est le *triple* de 4, comme 18 est le *triple* de 6, parce que 12 : 4 donne le même Quotient 3 que 18 : 6. Donc le premier terme 12 contient le deuxième 4, comme le troisième terme 18 contient le quatrième 6. Donc 12 = 4 × 18 : 6 = 4 . 18/6 = 4 × 3.

Par conséquent, retenez bien que, dans toute Proportion ou Égalité de Rapports, *le premier terme est égal au deuxième multiplié par le rapport ou le quotient des deux autres.* — On pourrait trouver aussi la valeur d'un autre terme.

333. RÈGLE DE TROIS. C'est la manière de trouver un des 4 termes d'une Proportion, quand on connaît les *trois autres;* et l'on donne aussi ce nom à toutes les questions qui se résolvent par ce moyen.

La Règle de Trois se nomme *Simple* ou *Composée*, suivant qu'elle exige *simplement* une Proportion ou plusieurs. En outre, la Règle de Trois simple s'appelle *directe* ou *inverse*, selon que les quantités que l'on compare, sont en rapport *direct* ou *inverse*, par la manière dont elles agissent les unes sur les autres.

334. RAPPORT DIRECT. Deux quantités sont en *rapport direct*, ou en *raison directe*, ou *directement proportionnelles,*

lorsqu'elles deviennent en même temps 2 fois, 3 fois, 4 fois....
plus grandes ou *plus petites*. Ex. Pour acheter 2, 3, 4..... fois
plus ou *moins* d'étoffe, il faut *aussi* 2, 3, 4..... fois *plus* ou
moins d'argent, à prix fixe.

335. RAPPORT INVERSE. Deux quantités sont en *rapport
inverse*, ou en *raison inverse*, ou *inversément proportionnelles*, lorsque l'une devient 2, 3, 4.... fois *plus grande* ou *plus
petite*, pendant que l'autre devient *au contraire* 2, 3, 4..... fois
plus petite ou *plus grande*. Ainsi, quand on emploie 2, 3, 4.....
fois *plus* ou *moins* de monde pour faire un certain ouvrage,
il faut *au contraire* 2, 3, 4..... fois *moins* ou *plus* de temps.

336. Résolvons ensemble quelques petites Règles de Trois.

RÈGLE DE TROIS SIMPLE DIRECTE. *Combien faut-il
d'heures pour faire 12 mètres d'ouvrage, sachant qu'il faut
17 heures pour faire 4ᵐ du même travail?*

SOLUTION. On a mis 17ʰ pour faire 4ᵐ; or, pour 2 fois, 3 fois *plus ou moins d'ouvrage*, il faudrait *aussi* 2 fois, 3 fois *plus ou moins de temps*. Donc le nombre inconnu H doit valoir par *rapport à 17*, autant que 12 *par rapport à 4*, c'est-à-dire que H : 17 = 12 : 4; alors H = 17 × le *rapport direct* de 12 : 4 = 17 . 12/4 = 17 . 3 = 51. Ainsi il faut 51 heures.

$$H = 17 \times \frac{12}{4} = 51$$

Si au lieu de 12 : 4, on avait eu 12 : 68, eh bien! le résultat aurait été les 12/68 de 17 heures, au lieu d'en valoir 12/4, c'est-à-dire 12 fois le quart.

337. RÈGLE DE TROIS SIMPLE INVERSE. *Combien de
temps faut-il à 12 ouvriers pour faire le même travail
que 4 ouvriers feraient en 17 heures?*

SOLUTION. On a pris 4 ouvriers pour faire l'ouvrage en 17 heures; or, avec 2 fois, 3 fois..... *plus* ou *moins* de monde, il faudrait *au contraire* 2 fois, 3 fois..... *moins* ou *plus* de temps. Donc le nombre inconnu T doit valoir *par rapport à 17*, autant que 4 *par rapport à 12*, c'est-à-dire que T : 17 = 4 : 12; alors T = 17 × le Quotient de 4 : 12 ou par le rapport *inverse* de 12 : 4. Ainsi T = 17 : 3 = 6 — 1/3.

$$T = 17 \times \frac{4}{12} = 6 - 1/3$$

Donc il faut 6 — 1/3 = 6 heures — 20 minutes.

Si au lieu de 12 : 4, il y avait eu 12 : 68, le résultat aurait été, non pas les 12/68, mais *au contraire* 68/12 de 17.

338. *Résumé.* En comparant ensemble les résultats obtenus dans les deux Questions précédentes, avec les nombres qui les composent, on peut en tirer le procédé suivant :

Règle. En général, pour résoudre une Règle de Trois simple, **directe** ou **inverse**, c'est-à-dire pour avoir le Nombre Inconnu, il faut multiplier le Nombre Connu correspondant par le rapport **direct** ou **inverse** des deux autres Nombres.

339. Dans les exemples précédents, j'ai employé à dessein les mêmes nombres; pour montrer que les rapports se prenaient d'une manière *directe* ou *inverse*, non pas à cause de la grandeur des nombres, mais seulement à cause de leur nature. Et il est clair que les nombres que l'on compare doivent toujours être de même espèce; s'ils ne l'étaient pas, on les y réduirait.

340. PROBLÈMES relatifs à la Règle de Trois simple :

I. Combien coûtent 9^m 1/2 d'une toile dont $5^m,40$ ont coûté 28^f ? — Rép. $49^f,26^c$.

II. Une demoiselle a fait 4 paires de bas en 17 jours et 1/2 ; que pourra-t-elle faire en 2 mois, sans travailler le dimanche ? — Rép. 11,8 ou 12 paires environ.

III. Quelle doit être la longueur d'un pré de 43^m de large, pour contenir autant de terrain qu'un champ qui a $85^m,6$ de long sur 29^m 1/2 de large? — Rép. $58^m,73$.

IV. Combien faudrait-il travailler d'heures par jour pendant 18 jours pour faire un ouvrage qu'on pourrait faire en 53 journées de 16 heures ? — Rép. 47^h $1/9 = 47^h,111 = 47^h 6' 40''$

V. Combien d'élèves faut-il pour copier, en 6 mois, ce que 17 élèves copieraient en 8 mois ? — Rép. 22 2/3 ou 22 à 23 élèves.

VI. Une pauvre mère de famille est obligée de faire durer pendant 15 jours la nourriture qui lui avait été donnée pour 9 jours. Alors, à combien doit-elle réduire toutes les parts ? — Rép. 3/5 ou 0,6.

VII. Combien de litres une fontaine peut-elle donner en 3 heures — 1/4, sachant qu'en 8 minutes 1/2 elle donne régulièrement 15 ^{litres}, 6 ? — Rép. $302^l,823$.

VIII. Combien peut-on avoir de velours pour $8^m + 1/4$ de satin, sachant que, pour $8^m - 1/4$ de satin, on aurait 8^m 1/4 de velours? — Rép. $8^m,782$.

IX. En payant 43^f 4 pains de sucre de 6 kil. 1/2, le sucre est-il plus cher qu'à 210^f le quintal? — Rép. Non.

X. Une couturière travaille 12 heures par jour et prend 15^s ou 75^c ; une autre demande 1^f, mais travaille 14 heures par jour; laquelle des deux est la moins chère? — Rép. La première.

XI. Un voiturier fait régulièrement 40 kilom. en 7 heures 1/2; un piéton fait 32 kilom. en 5 heures — 1/4; quel est celui qui marche le plus vite? — Rép. Le voiturier.

XII. Vaut-il mieux acheter le papier à raison de 8ᶠ 50ᶜ la rame de 20 grandes mains, que de le payer au détail 5ˢ la demi-main ? — Rép. Non ; c'est le contraire.

QUARANTE-QUATRIÈME CONFÉRENCE.

RÈGLE DE TROIS COMPOSÉE.

341. *Combien de journées faut-il à 15 ouvriers pour faire 8 mètres d'ouvrage, sachant que 20 ouvriers ont mis 6 jours pour faire 14 mètres du même ouvrage ?*

$$J \qquad 8^m \qquad 15^o$$
$$6j \qquad 14 \qquad 20$$
$$J = 6j \times \frac{8}{14} \times \frac{20}{15}$$

SOLUTION. On a mis 6 jours pour faire 14ᵐ, en employant 20 ouvriers. Or, si l'on veut 2 fois, 3 fois *plus* ou *moins* d'ouvrage, il faut aussi 2 fois, 3 fois *plus* ou *moins* de temps ; mais si l'on prend 2, 3.... fois *plus* ou *moins* de monde, il faut *au contraire* 2, 3..... fois *moins* ou *plus* de temps. Donc le nombre de jours demandés $J = 6j \times$ le rapport de 8 à 14, et : le rapport de 15 à 20 $= 6j \times \dfrac{8}{14} : \dfrac{15}{20} = 6j \times \dfrac{8}{14} \times \dfrac{20}{15}$ $= 6j \times$ le rapport *direct* de 8 à 14 et par le rapport *inverse* de 15 à 20, ce qui donne en simplifiant $32/7 = 4j + 4/7$ de jour $= 4j + 8^h$, si, par exemple, la journée se composait de 14ʰ de travail.

342. En comparant le résultat avec les nombres qui le forment, et sur lesquels j'ai raisonné sans m'occuper de leur valeur particulière, on peut en conclure la Règle générale suivante :

Règle générale. En général, *pour résoudre une Règle de Trois composée quelconque,* il faut d'abord disposer régulièrement, sur 2 lignes horizontales, toutes les quantités *principales* qu'on donne, et toutes les quantités *relatives* ou qui s'y rapportent dans l'énoncé ; — on examine ensuite si le nombre qu'on cherche est par sa nature en raison **directe** ou **inverse** avec les autres quantités ; — puis on multiplie le nombre principal connu (correspondant à l'inconnu) par le rapport **direct** ou ~~inverse~~ des autres nombres, selon le raisonnement qu'on a fait.

Il est entendu qu'il faut profiter de toutes les simplifications que présentent les calculs; comme aussi, avant toute opération, il est clair qu'il faut réduire à la même espèce les nombres qui se correspondent, si par hasard ils étaient d'espèces différentes. Enfin, il faut préparer convenablement les diverses parties de l'énoncé, de manière à y trouver des circonstances tout à fait semblables.

343. PROBLÈMES relatifs à la Règle de Trois composée.

I. Un soldat a fait 48 myriam. en marchant 7 heures 1/2 par jour pendant 9 jours; il lui reste à faire 653 kilom.; alors, combien de jours lui faut-il encore, en marchant seulement 8 heures + 1/4 par jour? — Rép. 11j,13 = 11j 1ʰ.

II. Une maîtresse de pension emploie 420 kilog. de pain par semaine pour 80 élèves; combien de quintaux lui en faudra-t-il pour 114 élèves pendant 9 mois 1/2? — Rép. 2436q,75

III. Une douzaine de jeunes personnes doivent faire des bas et des chemises pour 4 familles indigentes, en travaillant 3 heures et 1/2 par jour pendant 5 semaines. Mais 3 de ces demoiselles tombent malades; 2 bonnes voisines veulent les remplacer, et ne peuvent faire que les 3/4 de l'ouvrage de chacune des premières; alors, combien de temps faut-il à toutes nos ouvrières pour faire tout le travail dont elles se sont chargées? — Rép. 40 jours.

IV. Combien faut-il placer d'argent à 4 et 1/2 pour 100 par an pendant 5 ans et 8 mois, pour produire 723f,60c de revenu total? — Rép. 2837f,65c.

V. Une dame a employé 18 kilogrammes 1/2 de fil pour faire 51m,80 de toile à 84 centim. de largeur; alors, avec 32 kilog. de même fil qu'auparavant, combien de mètres, à 75 centim. de large, pourra-t-on obtenir? — Rép. 100m,35.

VI. Un fermier a fait creuser en 18 jours un fossé de 97m 1/2 de long, sur 1m,25 de large et 80 centim. de profondeur, en employant 16 pionniers qui travaillaient 10 heures 1/2 par jour. Aujourd'hui, pour creuser en 24 jours un fossé de 150m de long, sur 2m de large et 1m de profondeur, combien de terrassiers devra-t-il prendre, sachant qu'ils travailleront 9 heures — 1/4 par jour, mais avec une fois et 1/2 autant de force que les pionniers, et que le terrain est 2 fois plus dur que le précédent? — Rép. 59 et 1/13 ou 59 personnes.

344. Maintenant, proposez-vous de vérifier chacun des Problèmes précédents, en regardant comme *connu* le résultat *exact* ou *complet*, que vous aurez trouvé dans chaque question, et prenant pour *inconnue* l'une des quantités données; cela vous fournira encore une foule de Problèmes différents.

QUARANTE-CINQUIÈME CONFÉRENCE.

RÈGLE D'INTÉRÊT.

345. Mes Enfants, la Règle de Trois s'appelait autrefois *Règle d'Or*, à cause de sa grande utilité; puis on lui donnait encore bien d'autres noms, tels que Règle du *cent*, *du mille*, de *voiture*, de *courtage*, d'*intérêt*, d'*escompte*, de *change*....., etc., suivant les cas où on l'employait. Vous savez résoudre toutes les différentes Règles qu'on peut rencontrer, peu importe leur nom; mais je vais vous montrer particulièrement les *Règles d'intérêt* et d'*escompte*, à cause de leur grande importance dans le cours de la vie.

346. RÈGLE D'INTÉRÊT. C'est une Règle de Trois qui sert à résoudre les questions relatives à l'*intérêt* de l'argent. On appelle *intérêt*, ou *revenu*, ou *rente*, l'argent que doit produire une somme prêtée pendant un certain temps. La somme prêtée se nomme *capital*, ou *principal*, ou *fonds*; et l'on appelle *taux d'intérêt*, le rapport entre le *revenu* et le *capital* qui l'a produit, au bout d'un temps désigné. Ordinairement le taux est indiqué par l'intérêt de 100f pour 1 an ou pour 1 mois, et l'année se compte de 12 mois ou de 360 jours. Le *taux* légal est 5 pour 100, ce qui s'écrit encore 5 0/0. Le *taux* du commerce est 6 0/0; au-dessus, le *taux* s'appelle usure; mais l'usure est défendue par la religion et par les lois. Cependant, pour les *rentes viagères* ou placements à *fonds perdus*, on prend ordinairement 10 pour 100, sans passer pour un usurier, à cause des chances que l'on court.

347. L'intérêt est *simple* ou *composé*, suivant qu'il est *simplement* produit par le capital; ou qu'il *s'accumule* avec le capital, pour *composer* un nouveau capital qui produit à son tour, d'après les mêmes conditions, pendant tout le temps du placement.

348. Toutes les *Règles d'intérêt simple* se résolvent comme les Règles de Trois ordinaires, en regardant le capital comme une bande d'ouvriers qui travaillent dans la caisse de l'emprunteur, et le *revenu* comme l'ouvrage qu'ils font.

349. Les *Rentes sur l'État* sont des intérêts que la Banque du Gouvernement paye pour les fonds qu'on lui prête, en prenant ce qu'on appelle une *Inscription sur le Grand-Livre*. Il y a des rentes à 5 pour 100, à 4 0/0, à 3 0/0; les rentes sont *au pair*, quand réellement 100f rapportent *autant* qu'ils doivent donner; mais les rentes *haussent* au-dessus du pair, ou *baissent* au-dessous du pair, quand 100f produisent *plus* ou *moins* qu'ils ne devraient donner. Enfin, cette *hausse* et cette *baisse* des

fonds publics est ce qu'on appelle le *cours des rentes*, et tiennent à une foule de circonstances politiques.

350. Les *Caisses d'Épargnes* sont de petites banques que l'État a établies dans les villes, pour fournir aux ouvriers, aux domestiques et aux personnes peu aisées, l'occasion de placer leurs petites économies. L'intérêt se compte à 4 0/0, à dater de 10 jours après le placement, jusqu'à 10 jours avant le moment où l'on retire son argent : cette diminution est pour les frais de bureau. Mais, quand on y laisse ses fonds, le caissier règle tous les ans le livret de chaque créancier, et ajoute les intérêts produits avec le capital pour l'année suivante.

351. Voici quelques PROBLÈMES sur les Rentes :

I. Quel est le revenu de 856^f,40^c placés au taux légal de 5 0/0 pendant 9 mois 1/2? — Rép. 33^f,90.

II. Combien faut-il placer pendant 15 mois au taux de 4 1/2 pour 100 par an, pour avoir 62^f,30^c d'intérêt? — Rép. 1107^f,55.

III. Pendant combien de temps faut-il placer 347,20^c au taux de 1/4 pour 100 par mois, pour retirer 52^f d'intérêt? — Rép. 5^m 29^j,7 ou 6 mois.

IV. A quel taux, c'est-à-dire à combien pour 100 par an, place-t on son argent, quand on retire 28^f.50^c de revenu de 417^f placés pendant 2 mois 1/2? — Rép. 32^f,80.

V. Un marchand donne 19^f,25 pour 2000^f par mois ; un banquier paye 14^f,50^c pour 840^f tous les 6 mois ; quel est le plus honnête homme des deux? — Rép. Le marchand.

VI. Quand on achète de la rente 5 pour 100, au cours de 87^f, combien faut-il dépenser pour avoir une rente de 1640^f? — Rép. 28536^f.

VII. Combien peut-on avoir de rente 4 1/2 pour 100 (toujours en nombre exact) au cours de 79^f,25^c, pour 2192^f? — Rép. 111^f,50.

VIII. Quel est le cours de la rente 3 pour 100, lorsque l'on a 141^f de rente pour 3353^f,45? — Rép. 71^f,35.

IX. Vaut-il mieux placer son argent sur la rente 5 0/0 au cours de 98^f,25^c, que sur la rente 3 pour 0/0 au cours de 61^f,40^c? — Rép. Oui.

X. Un domestique met 87^f à la caisse d'épargnes le 14 février; ensuite, il ajoute 50^s au 1er mars, avril et mai ; puis, au 19 septembre, il ajoute encore 46^s, et il retire son argent le 28 décembre, après avoir prévenu le 18; combien a-t-il dû recevoir en tout? — Rép. 99^f,85.

XI. Quelle différence y a-t-il entre placer son argent à 5 pour 0/0 *en dedans* et *en dehors*, c'est-à-dire en prenant l'intérêt au commencement ou à la fin de chaque terme du placement? — Rép. 1/380 ou 0,00266.

XII. Est-il indifférent de placer son argent à 6 pour 0/0 par an, ou à 3 pour 0/0 par semestre, ou à 1 1/2 pour 0/0 tous les trimestres, ou à 1/2 pour 0/0 tous les mois? — Rép. Non.

QUARANTE-SIXIÈME CONFÉRENCE.

RÈGLE D'ESCOMPTE.

352. LA RÈGLE D'ESCOMPTE est une véritable Règle d'intérêt relative à *l'escompte*, ou à la diminution des sommes qui se payent avant leur échéance. On distingue deux sortes d'escomptes, savoir, *l'escompte en dedans* et *l'escompte en dehors;* c'est suivant qu'on le prend *en dehors* ou *en dedans* de la somme désignée. Ainsi, à 5 pour 0/0, une somme de 100ᶠ deviendrait 100 + 5 ou 105ᶠ au bout de l'année. Alors, un billet de 105ᶠ payable au bout d'un an, à 5 pour 0/0, devrait valoir maintenant 100ᶠ justes, en faisant *l'escompte en dedans* des 105ᶠ que porte le billet. Mais, par *l'escompte en dehors*, on fait perdre au billet le revenu que produiraient 105ᶠ pendant un an, c'est-à-dire 5ᶠ,25ᶜ, et le billet se réduit à 99ᶠ,75ᶜ. L'escompte en dehors est le plus généralement employé; il produit plus que l'autre, et il est plus facile à calculer, puisqu'il se réduit à un *intérêt simple*. L'escompte en dehors contient de plus que l'autre, *tout l'intérêt de l'intérêt* du capital primitif.

353. PROBLÈMES. **I.** Escompter en dedans et en dehors à 6 0/0 un billet de 943ᶠ25ᶜ payable dans un an? — Rép. 56ᶠ,595 ou 56ᶠ,60 et 53ᶠ,391 ou 53ᶠ,40.

II. Quelle est la valeur actuelle d'un billet de 456ᶠ,30ᶜ payable au bout de 4 mois 1/2, et que l'on escompte à 5 0/0? — Rép. Escompte 85ᶠ,55, et valeur actuelle 370ᶠ,75.

III. Combien un billet portait-il en *valeur nominale*, sachant qu'en l'escomptant à 5 1/2 pour 0/0 il a perdu 217ᶠ,45ᶜ pour 58 jours de date? — Rép. 24539ᶠ,80.

IV. A quel taux une somme de 4260ᶠ est-elle escomptée, quand elle se réduit à 3957ᶠ,40ᶜ pour être payée 2 mois 1/2 avant son échéance? — Rép. 34,10 pour 100.

V. Un Voyageur échange 600ᶠ d'argent pour de l'or, et ne reçoit au bout du compte que 592ᶠ,45ᶜ; alors, quel était le prix ou le taux du change? — Rép. 1ᶠ258 pour 100.

VI. Un Monsieur veut faire passer de l'argent à son fils en Amérique, et il dépose pour cela 3250ᶠ chez un banquier. Le banquier s'en charge au prix de 14 0/0; alors, que devra recevoir le fils? — Rép. 2850ᶠ,85.

354. OBSERVATION. Je vous ai montré diverses Règles avec beaucoup d'applications; mais, quand on veut particulièrement étudier les opérations de banque et de finances, il faut consulter les ouvrages relatifs à ces sortes de calculs. Cependant, je veux vous apprendre quelques moyens pratiques, que l'on em

ploie habituellement dans le commerce, et dont la simplicité
tient à quelques circonstances particulières.

355. CINQ POUR CENT. Quand on place son argent au
taux de 5 pour 100 (ou au *denier* 5, ou au *sou pour livre*,
comme on disait autrefois), le revenu est 5/100 ou 1/20 du
capital. Alors, pour avoir le revenu annuel d'une somme
à 5 pour 0/0, il faut en prendre le 20e ou bien d'abord le 10e (en
séparant un chiffre décimal), et puis on prend la 1/2 de ce 10e.
Ainsi, soit 983f; le 10e est 98,3, et la 1/2 du 10e est 49f,15c.
De même, le revenu annuel de 597f,53 est 29f,876.... = 29f,88c,
à moins d'un 1/2 centime.

356. Règle pratique. Pour calculer l'intérêt
à 5 pour 0/0 d'une somme prêtée pendant *un temps
quelconque*, on multiplie le capital par le nombre des
jours du placement; ensuite, on sépare deux décimales
sur la droite du Produit (outre celles qu'il peut avoir
déjà), et puis on divise le Résultat par 72.

357. En effet, soit 2456f placés à 5 pour 0/0 pendant 49 jours;
on raisonne ainsi: L'argent étant à 5 0/0, il est clair que 1f
produit 100 fois moins, ou 5/100 ou 1/20. Mais, en 1 jour, au lieu
des 360 de l'année financière, 1f produirait 360 fois moins, c'est-
à-dire 1/20 divisé par 360 = 1/7200. Donc 1f produit par jour
1/7200. D'après cela, 2456f en 49 jours produiront 2456.49 : 7200,
ou bien : 100 et : 72; ce qui prouve la Règle pratique énoncée
plus haut.

358. Voici les calculs de deux exemples différents:

R   2456f   49j   I   417f,50c   23j
       49   23

    22104   12525
    9824   8350

   1203,44 | 72   96,0250 | 72
    483   240
     514 | 16,714   242 | 1,336
     104   265
     320 | ou 16f,70   490   ou 1f,35c

359. Six pour cent. *Quand l'argent est à 6 0/0,*
on multiplie le capital par le temps exprimé en
jours; on sépare 3 décimales sur la droite du Produit,
outre celles qu'il peut avoir déjà, et l'on prend le 6e du
Résultat, ce qui donne l'Intérêt demandé.

360. En effet, à 6 pour 0/0, 1f produit 6/100 au bout de l'an;
mais, au bout d'un jour, il produit 360 fois moins, c'est-à-dire

6/36000 = 1/6000. Donc pour 249ᶠ, par exemple, prêtés pendant 58 jours, on aurait 249ᶠ. 58 × 1/6000 = 249 . 58 : 6000, ou bien : 1000, et ensuite : 6.

361. La Règle pratique du 6 0/0 est commode pour évaluer l'intérêt d'une somme à 5 0/0 ; car on le calcule d'abord à 6 0/0 ; puis, on en prend le 6ᵉ, et on le retranche, puisque 5 = 6 — 1 ou 6 — 1/6 de 6.

362. Voici un exemple à 6 et à 5 0/0.

R	249ᶠ	58ʲ	6 0/0		R	249ᶠ	58ʲ	5 0/0
	58					58		
	1992					1992		
	1245					1245		
	14,442					14,442		
	2,407					2,407		
						— 0,401		
intérêt à 6 0/0.					2,006 intérêt à 5 0/0.			

363. D'après la Règle du 6 0/0, on peut calculer aisément l'intérêt à 3, à 4, à 7, à 8, à 9, en regardant ce qu'il faut soustraire ou ajouter à 6 pour faire les autres nombres. D'ailleurs, en général, en calculant ce que produit 1ᶠ pour 1ʲ, on obtient le *facteur constant* par lequel il faut multiplier le *Nombre du Capital*, c'est-à-dire le Produit du capital par le Temps.

364. La Règle pratique du 5 0/0 donne le moyen de calculer commodément le montant de tous les intérêts de plusieurs sommes différentes pour des échéances quelconques, mais au même taux de 5 0/0. Pour cela, on multiplie chaque somme par le temps ; on additionne les Produits ; on sépare 3 décimales sur la droite (outre celles qu'il peut y avoir déjà) ; on prend le 6ᵉ du résultat, puis le 6ᵉ du 6ᵉ ; on retranche, et l'on obtient l'intérêt total demandé, au lieu de calculer les intérêts séparément, et de les ajouter ensuite. — On conçoit aisément qu'on pourrait agir de même pour des sommes placées à un même taux, mais d'ailleurs quelconque. — Enfin, il est évident qu'il pourrait y avoir des simplifications dans les calculs, si plusieurs sommes étaient égales, ou si plusieurs temps étaient égaux, ou si ces deux conditions arrivaient ensemble.

365. **Ex.** Trouver le revenu total de 3478ᶠ pour 40ʲ, de 524ᶠ,60ᶜ pour 14ʲ et de 916ᶠ,25ᶜ pour 68ʲ.

Voyez, à la page suivante, la disposition de tout le calcul, et ayez soin d'y suivre la règle pratique qui précède.

3478ᶠ	524ᶠ,60	16ᶠ,25
40ʲ	14ʲ	68ʲ
———	———	———
139120	20984	733000
7344,40	5246	549750ʲ
62305	———	———
———	7344,40	62305,00
208,76940		
34,794	intérêt total à 6 0/0;	
— 5,799	intérêt total à 1 0/0;	
———		
28,995		
ou 29ᶠ	intérêt total à 5 0/0.	

Ainsi, les 3 billets produisent en tout 29ᶠ d'intérêt à 5 0/0. En ajoutant simplement 5,799, au lieu de le soustraire, on aurait eu 40ᶠ,593 ou 40ᶠ,60 pour leur intérêt total à 7 0/0.

----

366. Règle d'intérêt composé. On calcule année par année l'intérêt de la somme, et on l'ajoute successivement au capital qui l'a produit; enfin, on calcule, et l'on ajoute l'intérêt pour ce qui reste du temps de la dernière année, si par hasard elle n'était pas complète. De cette manière, on sait ce que devient finalement une somme primitive, dont on a *capitalisé* régulièrement les intérêts.

367. Ex. *Que devient un capital de 7258ᶠ à intérêt* composé *de 5 0/0 pendant 3 ans et 8 mois et demi?*

Je prends d'abord le 20ᵉ du capital 7258ᶠ; je trouve 362,9 et je l'ajoute, ce qui fait 7620ᶠ,9 après 1 an. Ensuite, je calcule l'intérêt, je trouve 381,045; je l'ajoute, et il vient 8001ᶠ,945 après 2 ans. Puis, je calcule l'intérêt, je trouve 400,097; je l'ajoute, et il vient 8402ᶠ,042 après 3 ans. Enfin, je calcule l'intérêt pour 1 an, puis celui de 6 mois, de 2 mois et d'un *demi*-mois; j'ajoute ces 3 derniers résultats avec le capital résultant des 3 années du placement; et j'obtiens 8699ᶠ,60. Si l'on en soustrait le capital primitif 7258ᶠ, le reste 1441ᶠ,60 exprime tout l'intérêt *composé* de la somme.

On pourra s'exercer à résoudre la même question, mais à des taux différents, tels que 3, 6, 4, 8, 2 1/2, 4 1/2 et 7 1/2 pour 100, en établissant l'opération comme dans ce qui suit. J'engage aussi les élèves à comparer ensemble les résultats du placement de la même somme, à des taux doubles et triples l'un de l'autre.

Voici la disposition détaillée du calcul à 5 0/0 :

capital	7258ᶠ		6 mois	210,051
intérêt	362,9	intérêt de	2	70,017
			1/2	17,504
valeur 1ʳᵉ année	7620,9	valeur des 3 ans		8402,042
intérêt	381,045			
2ᵉ année	8001,945	résultat		8699,614
intérêt	400,097	capital		7258
3ᵉ année	8402,042	intérêt redoublé		1441,614
intérêt	420,102	ou		1441,60

368. On pourrait calculer avec soin ce que devient 1ᶠ placé pendant 3 ans et 8 mois 1/2, et multiplier ensuite le résultat par le capital primitif. On trouverait ainsi $1,198624 \times 7258 = 8699,6129 = 8699^\mathrm{f},60$

369. *Réciproquement*, si l'on voulait savoir la valeur primitive d'un capital, qui étant placé pendant 3 ans et 8 mois 1/2 à intérêt composé de 5 0/0, serait devenu 8699ᶠ,60, on calculerait (comme précédemment) ce que devient 1ᶠ placé dans les mêmes conditions; puis, on diviserait le capital donné par le résultat. Ainsi, on aurait $8699^\mathrm{f},60 : 1,198624 = 7257^\mathrm{f},989 = 7258^\mathrm{f}$.

370. Avec ce qui précède, on peut établir la **Règle générale**, pour savoir la valeur *finale* (ou primitive) d'un capital *primitif* (ou final), il faut multiplier (ou diviser) le nombre donné par ce que devient un franc placé suivant les conditions proposées.

Résoudre et vérifier la question de savoir ce que deviendraient 4926ᶠ, et puis 13524ᶠ,85 placés d'abord pendant 7 ans, et ensuite pendant 7 ans 4 mois et 19 jours, au taux de 5 0/0, de 3, de 3 1/2 et de 8 1/2 pour 100.

QUARANTE-SEPTIÈME CONFÉRENCE.

RÈGLE DE SOCIÉTÉ.

371. Mes Enfants, il y a aujourd'hui tant de *sociétés de commerce*, tant de *compagnies* d'assurance contre l'incendie et d'autres malheurs, tant d'entreprises où l'on se réunit pour gagner de l'argent, et où malheureusement on en perd souvent beaucoup plus qu'on n'en gagne, qu'il faut bien vous apprendre,

en général, ce que c'est que la *Règle de Société* ou *de Compagnies*, ou enfin de *Répartition proportionnelle*.

372. DÉFINITION. La *Règle de Société* ou de Compagnie, est une Règle de Trois qui sert généralement à partager un gain ou une perte (ou un nombre quelconque nommé *Dividende*) en parties proportionnées à des *mises fournies par des associés*, ou à des nombres donnés.

Les mises se nomment quelquefois *actions* et *coupons d'actions*; la mise totale se nomme le fonds ou *capital social*. Le partage se fait en proportion des mises ou au *prorata* des mises (autrefois, on disait au *marc le franc*). La Règle de Société est appelée *simple* ou *composée*, suivant qu'elle contient *simplement* une condition ou qu'elle se *compose* de plusieurs.

Résolvons ensemble deux questions principales :

373. 1re QUESTION. *Deux associés ont fourni pendant le même temps, l'un 380ᶠ et l'autre 760ᶠ pour une mine de charbon; ils en ont retiré 2435 kilog.; alors, combien revient-il à chacun?*

SOLUTION. Le 1er a donné 380ᶠ, et le 2e 760ᶠ; donc la mise totale est 380 + 760 ou 1140ᶠ. Alors le 1er a fourni les 380/1140, et le 2e les 760/1140 du capital social; donc le 1er doit retirer les 380/1140, et le 2e les 760/1140 du Dividende total 2435. Si l'on désigne par x et y les deux parts, on aura tout calcul fait

$$
\begin{array}{llll}
1^{er} & 380^f & x & \\
2^e & 760^f & y & \\
\hline
& 1140 & 2435^{kil} & \\
\end{array}
$$

$$x = 2435 \cdot 380 : 1140$$
$$y = 2435 \cdot 760 : 1140$$

$$x = \frac{2435 \cdot 380}{1140} = 811,66 \quad \text{et} \quad y = \frac{2435 \cdot 760}{1140} = 1623,33.$$

On peut *vérifier* jusqu'à un certain point, en ajoutant les deux parts, parce que leur somme doit reproduire le Dividende. Effectivement 811,66 + 1623,33 = 2434,99 ou 2435ᵏⁱˡ.

374. RÈGLE. D'après cet exemple, on voit donc qu'il faut ajouter les mises pour avoir la mise totale; puis, on multiplie le Dividende par chaque mise, et l'on divise le Produit par la mise totale, qui est le *Capital social*.

375. *Mais, quand il y a beaucoup de mises différentes*, on divise le dividende par la mise totale avec une grande approximation, et l'on multiplie le Quotient par chaque mise. Dans l'exemple précédent, on dirait : 1140ᶠ ont produit 2435ᵏⁱˡᵒᵍ; donc 1ᶠ en produira 1140 fois moins, c'est-à-dire 2435 : 1140 = 2,13596 = 2,136. Alors, pour les mises 380 et 760ᶠ, on aura $x = 2,136 \times 380 = 811,68$ et $y = 2,136 \times 760 = 1623,36$, résultats peu différents des précédents.

376. 2e QUESTION. *Partager 5984ᶠ de gain ou de perte entre 2 associés, dont l'un a 3000ᶠ ou 3 actions de 1000ᶠ chacune*

*pendant 7 mois, et l'autre seulement 1 coupon de 500f pen-
dant 9 mois ?*

Parts.	Mises.	Temps.	Mises réduites.
x	3000f $\times$	7m	21000
y	500f $\times$	9m	4500
5984f			25500f

SOLUTION. D'abord, pour le 1er, 3000f, placés pendant 7 mois, équivalent à 7 fois 3000, ou à 21000f placés pendant 1 mois. De même 500f, placés pendant 9 mois, équivalent à 9 fois 500, ou à 4500f pendant 1 mois. Alors de cette manière, les mises sont *réduites* ou ramenées au même temps; on les ajoute; cela donne 25500f, et l'on opère comme pour la Règle de Société ordinaire. On trouve

$$x = \frac{5984 \cdot 21000}{25500} = 4928 \quad \text{et} \quad y = \frac{5984 \cdot 4500}{2550} = 1056,$$

ce qui fait exactement 4928 + 1056 = 5984.

Par l'autre méthode, on trouverait aussi

$$x = 0,234667 \times 21000 = 4928,007 = 4928f$$
$$y = 0,234667 \times 4500 = 1056,0015 = 1056f$$

377. DIFFÉRENTS USAGES. On peut employer la Règle de Société toutes les fois qu'il faut partager une quantité donnée en parties *proportionnelles* à des nombres connus. Pour cela, on commence par fixer des nombres qui aient entre eux le rapport voulu, puis on regarde ces nombres comme des mises, et le reste s'achève à la manière ordinaire. Ex. Si trois nombres doivent être entre eux comme 1, 3 et 12, c'est comme si l'on voulait que la première part fût 1/3 de la seconde, et la deuxième 1/4 de la troisième.

378. Si un bien devait être divisé en deux parties, de sorte que la première part fût la 1/2 du tout, et la seconde part les 5/6 du tout (ce qui ne serait pas possible), on partagerait en parties proportionnées aux deux fractions 1/2 et 5/6. On les multiplie par un même nombre, 6 par exemple, pour chasser le Dénominateur, et l'on a 6/2 et 30/6 ou 3 et 5. Alors ces deux parts vaudraient ensemble 3 + 5 = 8; donc la première vaudrait les 3/8, et la seconde les 5/8 du bien, quel qu'il fût.

379. Si une part doit être les 2/3 de l'autre, on représente la première par le Numérateur 2 et la seconde par le Dénominateur 3, ce qui fait 5 en tout; et alors la première part vaut les 2/5 du Dividende, quel qu'il soit, et la seconde en vaut les 3/5, ce qui remplit la condition requise.

380. La Règle de Société se nomme *Règle testamentaire*, quand elle sert à partager une succession d'après les conditions de certains testaments. — Elle sert encore à fixer la part de chaque créancier dans une faillite, quand il n'y a pas

de quoi payer intégralement (autrement dit, quand le *passif* l'emporte sur l'*actif* de la faillite.)

381. La Règle de Société sert à la répartition des impôts du royaume. D'abord on le fixe à Paris, pour tous les départements; puis, dans chaque département, on le fixe pour chaque arrondissement, ensuite pour chaque commune, enfin pour chaque particulier, d'une manière proportionnée au revenu réel ou estimatif des propriétés, ou suivant d'autres conditions.

382. Problèmes. I. Répartir une somme de 400^f entre 3 domestiques en raison de leur temps de service; le premier a servi 8 ans, le second 13 et le troisième 11? — Rép. 100^f, 162^f,50 et 137^f,50.

II. Un Architecte promet 500^f à deux entrepreneurs pour les récompenser de leur activité; le premier a employé 8 ouvriers pendant 20 jours, et le second, 15 ouvriers pendant 14 jours; que revient-il à chaque entrepreneur? — Rép. 216^f,20 et 283^f,80.

III. Un Marchand meurt en laissant pour 60000^f de dettes et pour 28400^f de fortune; quel sera le taux du partage, et combien auront 3 créanciers qui avaient prêté, le premier 36200^f, le second 2450 et le troisième 21350^f? — Rép. 47^f,33 0/0; 17134^f,65, 1159^f,65 et 10105^f,65.

IV. Une Maîtresse de pension ayant fait exécuter, par 5 de ses élèves, un ornement d'église, veut leur partager proportionnellement une caisse de 15 douzaines d'oranges. Les 2 premières élèves ont travaillé chacune 3 heures 1/2 par jour pendant 8 jours; mais les 3 autres ont travaillé chacune 2 heures — 1/4 par jour pendant 6j, avec 2 fois plus d'activité que les autres. Quelles sont les parts? — Rép. Les 2 premières ont chacune 57°,6 et les 3 dernières 21°,6.

V. Partager entre 3 ouvrières une pièce de ruban, de manière que la première ait 4 fois plus que la seconde, et la seconde 6 fois moins que la troisième? — Rép. 4/11 1/11 6/11.

VI. Un brave fermier, qui ne sait pas le calcul, dit en mourant que son fils aurait la moitié de son bien, et chacune de ses deux filles, les 2/3 du bien; enfin que le quart restant serait pour l'église. Comment faire le partage? — Rép. Les parts sont les 24, les 32, les 32 et les 12/100 du bien.

VII. Une vieille dame promet par testament 1350^f à son neveu, 4800^f à sa nièce et 250^f à sa domestique, sur un pré qu'elle estime 6400^f. On le vend seulement 5960^f; alors, que doivent être les parts? — Rép. 1255^f,20 4470^f et 232^f,80.

VIII. Le Gouvernement veut lever une contribution de 5798^f sur une commune dont le revenu foncier est estimé à 987300^f; alors, quel doit être l'impôt de 1^f, 2^f...... ensuite de 452^f,30^c? (Ce *tarif* de l'impôt se calcule par division pour 1^f; et ensuite par addition depuis 1^f jusqu'à 100^f.) — Rép. 0,0058725S 0,01174516 et 2^f,65

QUARANTE-HUITIÈME CONFÉRENCE.

RÈGLE D'ALLIAGE.

383. LA *Règle d'alliage* est une sorte de Règle de Trois qui sert principalement à trouver la valeur *moyenne* de l'unité ou de plusieurs unités, d'un *mélange* fait avec des choses connues. (Le mélange s'appelle *alliage*, quand il s'agit de métaux.)

384. PRATIQUE. *Si l'on donne la valeur de chaque objet*, on ajoute toutes les valeurs, et l'on divise la valeur totale par le nombre total des objets, ce qui donne la valeur *moyenne* de chaque unité du Mélange.

Ex. *Trouver la valeur moyenne ou le prix moyen d'un mélange fait avec 3 litres qui ont coûté* 6^f *les 3, avec 7 litres qui ont coûté* 21^f *et 5 litres qui ont coûté* 20^f ?

SOLUTION.

$$
\begin{array}{lcl}
3^l & \text{pour} & 6^f \\
7 & - & 21 \\
5 & - & 20 \\
\hline
15^l & \text{pour} & 47^f
\end{array}
\qquad
\begin{array}{c|l}
15 & \\
20 & \\
50 & 3,133... \\
50 & \\
5 &
\end{array}
$$

D'abord, le mélange contient $3 + 7 + 5 = 15$ litres ; ils coûtent ensemble $6 + 21 + 20 = 47^f$. Donc 1^l coûte $47 : 15 = 3^f,133...$; c'est là le prix moyen. D'après cela, le prix de 8^l 1/2 serait $3,133^f \times 8$ 1/2 $= 26^f,63$.

385. *Si l'on donne la valeur de chaque unité et le nombre des unités*, on multiplie d'abord les valeurs particulières par le nombre correspondant ; ce qui donne les valeurs totales des parties du mélange, et l'on opère ensuite comme auparavant.

Ex. *Trouver le prix moyen d'un mélange fait avec* 3^l *à* 2^f *le litre, avec* 7^l *à* 3^f *et avec* 5^l *à* 4^f ?

$$
\begin{array}{lclcl}
3^l & \text{à} & 2^f & 3 \times 2 \text{ ou} & 6^f \\
7 & \text{à} & 3 & 7 . 3 & 21 \\
5 & \text{à} & 4 & 5 . 4 & 20 \\
\hline
15^l & & \text{pour} & & 47^f
\end{array}
$$

D'abord, 3^l à 2^f font 3 fois 2^f ou 6^f ; de même, 7^l à 3^f $= 7 . 3$ ou 21^f ; enfin, 5^l à 4^f $= 20^f$; et le reste se fait comme on a déjà vu.

386. Pour avoir la *hauteur moyenne* entre plusieurs hauteurs observées pour la même chose, pour une montagne, par exemple, on additionne les hauteurs observées, et l'on divise par leur nombre. Il en est de même pour un résultat *moyen* entre plusieurs autres qui ne sont pas égaux.

387. **Problèmes.** I. Quelle est la place moyenne d'un élève dans 8 compositions, sachant qu'il a été 1er, 4e, 5e, 9e, 3 fois 6e et 2 fois 15e? — Rép. 9e ou 10e.

II. Une demoiselle a copié 3 fois 7 pages en 2 heures, 5 fois 15 pages en 4 heures, et 4 fois 13 p. en 3 heures 1/2; combien copie-t-elle par heure, en terme moyen? — Rép. 15p,57.

III. Un marchand de dentelle en a de deux espèces; 42m à 6f et 19m à 4f; gagnerait-on si on prenait le tout à 5f le mètre (*l'un portant l'autre*, comme on dit quelquefois)? — Rép. On gagnerait 23f.

IV. Trois astronomes ont calculé l'arrivée d'une éclipse, l'un à 1 heure 1/2 du matin, l'autre à 1h 5′ et le troisième à minuit moins 1/4, quelle est l'heure probable? — Rép. minuit et 46′ 40″.

V. On veut faire une cloche avec 4 quintaux 1/2 de cuivre à 265f le quintal, avec 2 quintaux d'étain à 4f,80c le kilog., enfin avec 17 kilog. de zinc à 150f le quintal; quel sera le poids total, ensuite le prix moyen et le prix total de la cloche? Rép. 664k, 3f,277 et 2176f,50.

VI. Le laiton, ou cuivre jaune, se fait avec 3 parties de zinc sur 7 de cuivre rouge, quel est le prix *moyen* et le prix total de 500 kilog. de laiton, en supposant le zinc à 80f le quintal et le cuivre à 2f,50c le kilog.? — Rép. 1f,99 et 9f,95.

388. Il existe bien encore d'autres questions relatives à la Règle d'alliage; mais elles sont, pour ainsi dire, l'*inverse* des précédentes. D'ailleurs, elles appartiennent plutôt à l'Algèbre qu'à l'Arithmétique ordinaire, quand on veut les résoudre complétement.

QUARANTE-NEUVIÈME CONFÉRENCE.

THÉORIE DES PROPORTIONS.

389. Mes Enfants, vous avez déjà une idée des *Rapports* et des *Proportions* (nº 331); maintenant, je vais compléter cette Théorie, en vous apprenant quelques propriétés utiles que vous ne savez pas encore.

Rappelez-vous bien d'abord ce que c'est qu'un Rapport et une Proportion, ce qu'ils expriment et comment on peut les écrire. Ainsi 12 : 4 = 3 18 : 6 = 3; alors 12 : 4 = 18 : 6, ou bien 12 : 4 : : 18 : 6. Si, par exemple, un ouvrier gagne 12f et en dépense 4; si un marchand gagne 18f et en dépense 6; on peut dire que ces deux hommes dépensent *à proportion* autant l'un que l'autre, puisque chacun dépense le tiers de son bénéfice. Ces quantités sont alors proportionnées ou proportionnelles. Le premier terme et le troisième se nomment *Antécédents*, et les deux autres, *Conséquents*. Le premier terme et le dernier s'appellent les *Extrêmes*; le deuxième et le troisième se nomment les *Moyens*.

590. On appelle Proportion *vraie*, celle dont les deux Rapports sont vraiment égaux. Ex. 12 : 4 :: 18 : 6, car 12 est *triple* de 4, comme 18 est *triple* de 6.

Proportion *fausse?* celle dont les deux Rapports ne sont pas égaux. Ex. 12 : 4 :: 18 : 7 ; 12 est le triple de 4, et 18 n'est pas le triple de 7.

591. Proportion *identique?* celle dont les deux Rapports sont évidemment les *mêmes.* Ex. 6 : 3 :: 6 : 3.

Enfin, Proportion *continue?* celle dont les *moyens* sont égaux. Ainsi 4 : 8 :: 8 : 16; ici le second Rapport n'est que la répétition du premier, etc.

592. Il existe aussi des suites de Rapports égaux, continus ou autres.

Ex. 3 : 6 :: 6 : 12 :: 12 : 24 :: 24 : 48 :: . . .

et 3 : 6 :: 1 : 2 :: 4 : 8 :: 7 : 14 :: . . ., etc.

Les suites de Rapports *continus égaux* se nomment *Progressions* par quotient, et peuvent être croissantes ou décroissantes.

Ex. 3 6 12 24 48... toujours en doublant;

ou 96 48 24 12 6... en sous-doublant;

et 4 10 100 1000 10000... en décuplant

Il y a aussi des Progressions par différences égales.

Ex. 3 5 7 9.... et 18 15 12 9 6....

593. Propriétés fondamentales. Dans toute Proportion (vraie), le quotient des deux premiers termes est égal à celui des deux derniers; alors, le *Produit des extrêmes* est égal à celui *des moyens.* Ex. Soit la Proportion 3 : 6 :: 4 : 8, on a 3 : 6 = 4 : 8, ou bien 3/6 = 4/8; multipliant ces deux fractions égales par le Produit de leur Dénominateur pour les faire disparaître,

$$\text{on a } \frac{3 \cdot 6 \cdot 8}{6} = \frac{4 \cdot 6 \cdot 8}{8} \quad \text{ou bien } 3 \cdot 8 = 4 \cdot 6,$$

en supprimant d'abord le facteur 6 commun dans la 1re fraction, et le facteur 8 commun dans la 2e. Or, 3 . 8 est le Produit des extrêmes, et 4 . 6 est celui des moyens; donc le Produit des extrêmes est égal à celui des moyens; et c'est ce qu'il fallait démontrer.

394. Si la Proportion était *fausse*, comme 3 : 6 :: 4 : 5, le Produit 3 . 5 des extrêmes ne serait pas égal à celui des moyens 6 . 4. — Il résulte de là que si 4 nombres écrits de suite, comme 3 7 6 14 sont en proportion, le Produit des extrêmes est égal au Produit des moyens; et réciproquement, si 3 . 14 = 7 . 6, il y a Proportion.

395. Retenez aussi que, si deux Produits de deux facteurs sont égaux, ils peuvent former une Proportion *inverse*, en prenant les 2 facteurs de l'un pour extrêmes, et *au contraire* les 2 facteurs de l'autre pour moyens. Ex. Si 3 . 14 = 7 . 6, alors 3 : 7 :: 6 : 14.

396. Changements. Sans troubler une Proportion, *on peut écrire ses termes de 8 manières différentes*, puisque cela n'altère pas le Produit des extrêmes ni des moyens. Ainsi, il faut retenir que l'on peut 1°. *changer les moyens de place;* 2°. *changer les extrêmes de place;* 3°. *changer* tout à la fois *les extrêmes et les moyens de place;* 4°. enfin *remplacer les extrêmes par les moyens, et réciproquement.* Ex. Si 3 : 6 :: 7 : 14, on aura
3 : 7 :: 6 : 14   14 : 6 :: 7 : 3   14 : 7 :: 6 : 3 etc.

397. On ne change pas la valeur d'un *Rapport* ou d'un Quotient, quand on multiplie à la fois ou quand on divise ses deux termes par un même nombre. Alors, on peut multiplier ou diviser à la fois un extrême et un moyen dans une Proportion, sans troubler l'égalité des deux Produits. Cela permet de supprimer des facteurs ou des diviseurs dans les termes d'une Proportion.

Ainsi,   3 : 6 :: 40 : 80 ou :: 4 : 8 ou :: 1 : 2;
de même, 10 : 14 :: 5/8 : 7/8 ou :: 5 : 7.

398. *Quand deux Proportions ont un Rapport commun,* les deux autres Rapports sont égaux et peuvent former une nouvelle Proportion. Ex. 3 : 6 :: 4 : 8 et 3 : 6 :: 15 : 30; alors, 4 : 8 :: 15 : 30.

Enfin, si les Antécédents de deux Proportions étaient les mêmes, les Conséquents seraient en Proportion.

399. Lorsque l'on multiplie ou qu'on divise deux Proportions, l'une par l'autre, *terme à terme*, les Produits ou les Quotients qui en résultent forment une nouvelle Proportion, parce que c'est multiplier ou diviser des Rapports égaux par des Rapports égaux.

Ex. Soient les Proportions $\quad\quad$ on aura

$$8 : 4 :: 10 : 5 \qquad 8.7 : 4.21 :: 10.2 : 5.6$$

$$7 : 21 :: 2 : 6 \qquad 8/7 : 4/21 :: 10/2 : 5/6.$$

On peut d'ailleurs aisément vérifier l'égalité du Produit des extrêmes et des moyens.

De même, en faisant les *carrés* ou les *cubes* des termes d'une Proportion, il en résulte une nouvelle Proportion.

Ex. Si $3 : 6 :: 4 : 8$, alors $9 : 36 :: 16 : 64$.

400. Si dans une Proportion on *augmente* ou *diminue* chaque antécédent de son conséquent, il y a encore Proportion, parce que chaque Rapport est *augmenté* ou *diminué* d'une unité. Ex. Si $28 : 4 :: 14 : 2$,

alors, $28 + 4$ ou $32 : 4 :: 14 + 2$ ou $16 : 2$;

et de même, $28 - 4$ ou $24 : 4 :: 14 - 2$ ou $12 : 2$.

On voit aussi *qué la somme des antécédents est à la somme des conséquents*, comme chaque antécédent est à son conséquent. Ainsi $28 + 14 : 4 + 2$, ou $42 : 6 :: 14 : 2$. La même Propriété a lieu dans une suite quelconque de Rapports égaux.

Ex. $3 : 6 :: 1 : 2 :: 7 : 14 :: 5 : 10 :: \ldots$

on a $3 + 1 + 7 + 5 : 6 + 2 + 14 + 10 :: 5 : 10$.

401. Vérification. *On peut vérifier une Proportion*, en cherchant si le Produit des extrêmes est égal à celui des moyens; mais il vaut mieux chercher l'un des 4 termes, et comparer le résultat avec celui que l'on avait d'abord. *Pour trouver l'un des extrêmes*, il suffit de diviser le Produit des moyens par l'extrême connu; et *pour trouver l'un des moyens*, il faut diviser le Produit des extrêmes par le moyen connu. En effet, soit $5 : 8 :: 20 : 32$; je désigne par la lettre x, par exemple, le terme 32, et l'on a la Proportion $5 : 8 :: 20 : x$. Dans toute Proportion, le Produit des extrêmes doit égaler le Produit des moyens ; alors on doit avoir ici $5 . x = 8 . 20$; donc x tout seul doit égaler le Produit $8 . 20$ divisé par le facteur 5, ou $x = 8 . 20 : 5 = 160 : 5 = 32$. Le 4e terme est donc ce qu'il devait être, et la Proportion est exacte. Si le 4e terme donné différait de 32, la Proportion serait fausse.

402. Au lieu de chercher le 4e terme dans une Proportion, on pourrait demander l'un quelconque des autres, et l'on raisonnerait comme précédemment ; mais il est bon de retenir que le 1er terme = le 2e $\times$ le 3e : le 4e. Ainsi, dans la Proportion $5 : 8 :: 20 : 32$, on a $5 = 8 \times 20 : 32 = 160 : 32 = 5$ finalement.

403. On sait que, dans la Multiplication, le Produit est formé avec le Multiplicande, comme le Multiplicateur est formé avec l'unité. Donc, en désignant par P le Produit de 8 par 3, on aurait la Proportion $P : 8 :: 3 : 1$, d'où l'on tire

$$P = 8 . 3 : 1 = 24 : 1 = 24.$$

404. La manière de *résoudre une Proportion*, ou de trouver l'un des 4 termes d'une Proportion à l'aide des *trois* autres, se nomme *Règle de Trois* (no 331).

Rappelez-vous aussi les diverses espèces de Rapports, de Proportions et de Règles de Trois. Puis, reprenons ensemble les exemples déjà résolus (nos 336 et 337).

405. Règle de Trois simple directe. *Combien faut-il d'Heures pour faire* 12^m *d'ouvrage, sachant qu'il faut* 17^h *pour faire* 4^m *du même travail ?*

$$H \qquad : \qquad 12^m$$
$$17^h \qquad : \qquad 4^m$$
$$\overline{\qquad\qquad\qquad\qquad}$$
$$H : 17 :: 12 : 4$$

$$H = \frac{17 . 12}{4} = 51$$

$$\text{tire } H = \frac{17 . 12}{4} = \frac{17 . 3}{1} = 51.$$

Solution. On a mis 17^h pour faire 4^m ; or, pour faire 2 fois, 3 fois... *plus* ou *moins* d'ouvrage, il faudrait *aussi* 2 fois, 3 fois... *plus* ou *moins* de temps. Donc on aura la proportion *directe* $H : 17 :: 12 : 4$, d'où l'on tire $H = 51$. Ainsi, il faut 51 heures.

406. Règle de Trois simple inverse. *Combien de Temps faut-il à 12 ouvriers pour faire le même travail que 4 ouvriers feraient en 17ʰ?*

$$T \qquad 12^o$$
$$17^h \qquad 4^o$$
$$T : 17 :: 4 : 12$$
$$T = \frac{17 \cdot 4}{12} = 6 - 1/3$$

Solution. On a pris 4 ouvriers pour faire l'ouvrage en 17 heures ; or, avec 2 fois, 3 fois... *plus* ou *moins* de monde, il faudrait *au contraire* 2 fois, 3 fois... *moins* ou *plus* de temps. Donc on a la Proportion *inverse* T : 17 :: 4 : 12, d'où

l'on tire $T = \dfrac{17 \times 4}{12} = \dfrac{17}{3} = 6 - 1/3$. Ainsi, il faut 6 heures moins 1/3 ou 6 heures — 20 minutes.

407. Règle de Trois composée. *Combien de Journées faut-il à 15 ouvriers pour faire 8ᵐ d'ouvrage, sachant que 20 ouvriers ont mis 6ʲ pour faire 14ᵐ du même ouvrage?* (Voyez n° 341.)

$$J \qquad 8^m \qquad 15^o$$
$$6^j \qquad 14 \qquad 20$$

Solution. Le nombre de *Jours* demandé dépend de plusieurs conditions que je vais examiner successivement. D'abord, j'appelle x le nombre de *jours* qu'il faut pour faire 8ᵐ,

$$x \qquad 8^m$$
$$6^j \qquad 14$$

sachant qu'en 6ʲ on a fait 14ᵐ, et en supposant pour un moment un même nombre d'ouvriers. Or, 2 fois, 3 fois... *plus* ou *moins* de mètres exigeraient aussi 2 fois, 3 fois... *plus* ou *moins* de jours ; donc on a la Proportion *directe* $x : 6 :: 8 : 14$. J'en tirerai la valeur d'x, quand je voudrai ; alors, je la regarde comme *connue*, et je passe à la condition suivante. — Je désigne par y le nombre de *jours* qu'il faut à 15 ouvriers pour faire le même travail, que

$$\begin{array}{cc} y & 15^{\circ} \\ x & 20 \end{array}$$

20 ouvriers feraient dans un nombre x de jours. Or, 2 fois, 3 fois... *plus* ou *moins* d'ouvriers exigeraient *au contraire* 2 fois, 3 fois... *moins* ou *plus* de temps. Donc on a la Proport. *inverse* $y : x :: 20 : 15$.

— A présent, pour achever de résoudre la question, il faudrait naturellement prendre la valeur d'x dans la 1ʳᵉ Proportion, et la mettre dans la 2ᵉ, puis en tirer la valeur d'y. Ensuite, on continuerait de la même manière, s'il y avait un plus grand nombre de Proportions; mais ce procédé est trop long. Alors, on multiplie les Proportions par ordre; il en résulte une nouvelle Proportion $x . y : 6 . x :: 8 . 20 : 14 . 15$, ou simplement $y : 6 :: 8 . 20 : 14 . 15$, en supprimant les facteurs littéraux, tels que x, communs aux 2 termes du premier Rapport. Enfin, on dégage l'inconnue y, et l'on trouve

$$y = \frac{6 . 8 . 20}{14 . 15} = \frac{3 . 2 . 8 . 4 . 5}{2 . 7 . 3 . 5} = \frac{8 . 4}{7} = \frac{32}{7} = 4\ 4/7.$$

En général, quand on pose toutes les Proportions régulièrement, il faut se rappeler que *l'inconnue finale* est égale au Produit de tous les moyens divisé par le Produit de tous les extrêmes.

408. Pour *vérifier* une Règle de Trois, simple ou composée, il suffit de repasser les calculs, ou bien on peut résoudre une nouvelle Règle de Trois, en regardant comme *connu* le nombre trouvé, et comme *inconnu*, l'un des nombres donnés. Alors, le résultat de la seconde question doit être *exact*, ou seulement approximatif, si le résultat de la première était lui-même *exact* ou *approximatif*.

409. Pour vous bien exercer à la pratique des Règles de Trois composées quelconques, voici le tableau détaillé d'un énoncé précédent, partagé en différentes Règles de Trois simples, ensuite des Proportions correspondantes, puis des calculs à faire pour la *solution*, et pour une *vérification*, soit exacte, soit approchée :

SOLUTION.		VÉRIFICATION.	

J x	8^m	y	15°	**M** x	15°	y	$4j\ 4/7$
$6j$	14	x	20	y	20	x	$6j$
x : 6 :: 8 : 14				x : 14 :: 15 : 20			
y : x :: 20 : 15				y : x :: $4\ 4/7$: 6			

$$y = \frac{6 \cdot 8 \cdot 20}{14 \cdot 15} = 4 + 4/7 \qquad y = \frac{14 \cdot 15 \cdot 4\ 4/7}{20 \cdot 6} = 8$$

$$\textbf{J} = 4 \text{ jours } 4/7 = 4{,}57 \qquad \textbf{M} = 8^m \text{ exactement.}$$

Mais, avec la valeur J $= 4{,}57$, on trouve M $= 7^m{,}997$, résultat fort approché du nombre exact 8 mètres.

410. En terminant, je vous engage à *résoudre* et à *vérifier*, par les Proportions, toutes les Règles de Trois simples ou composées, et toutes les Règles d'intérêt ou d'escompte, que nous avons rencontrées jusqu'à présent. En outre, il est toujours fort aisé de se proposer soi-même des Problèmes analogues à ceux que l'on a vus. Il suffit pour cela de modifier, soit les nombres, soit les conditions, soit en même temps les conditions et les nombres des énoncés primitifs.

CINQUANTIÈME CONFÉRENCE.

COMBINAISONS, PROGRESSIONS, ETC.

411. Mes Enfants, vous avez vu toutes les parties les plus usuelles de l'Arithmétique, et vous êtes en état de résoudre bien des Questions. Maintenant, je veux vous apprendre quelques petites Règles ou *formules* concernant les *Combinaisons*, les *Progressions* et la Géométrie.

6.

412. COMBINAISONS. Quand on arrange à la suite les uns des autres plusieurs objets dans un ordre différent, il peut en résulter un nombre plus ou moins considérable de groupes; on les appelle généralement *Combinaisons*; mais ces combinaisons se nomment *permutations*, quand elles ne sont qu'un simple *échange* de place. D'ailleurs, on peut permettre ou défendre à volonté la *répétition* du même objet dans les différents arrangements que l'on considère.

413. Pour fixer les idées, je suppose 8 lettres à combiner 3 à 3, c'est-à-dire par groupes de 3. Alors, on prend la première, puis on met à sa droite chacune des autres, ce qui fait des groupes de 2 lettres; puis, à droite de chaque groupe de 2 lettres, on place chacune des autres, et l'on a des groupes de 3 lettres. — Par conséquent, pour les *Permutations* de 8 lettres 3 à 3, on trouve *sans répétition* $8 \cdot 7 \cdot 6 = 336$, et avec *répétition* $8 \cdot 8 \cdot 8 = 512$. — De même, 3 lettres prises 3 à 3 donneraient $3 \cdot 2 \cdot 1 = 6$ sans répétition, et $3 \cdot 3 \cdot 3 = 27$ avec répétition.

414. Maintenant, pour les *Combinaisons* sans *répétition* ou avec *répétition*, il faut diviser le Produit de tous les Arrangements par le nombre de Permutations dont un même groupe de 3 lettres est capable. Alors, on aura $(8 \cdot 7 \cdot 6) : (3 \cdot 2 \cdot 1) = 336 : 6 = 56$ pour les Combinaisons sans *répétition*, et $(8 \cdot 9 \cdot 10) : (3 \cdot 2 \cdot 1) = 720 : 6 = 120$ pour le nombre total des Combinaisons avec *répétition*.

415. On peut appliquer ces formules à des chiffres, à des fleurs, à des livres, à des places autour d'une table, à des notes de musique, à des couleurs, à des dessins, enfin à des objets quelconques susceptibles d'être convenablement arrangés de diverses manières.

Cherchez, par exemple, combien de nombres de 3 chiffres, de 6 chiffres..... on peut faire avec les 9 chiffres significatifs? — Rép. 504 et 60480; puis 729 et 531441.

Calculez aussi combien on aurait de Produits avec 4 des 6 facteurs premiers 2, 3, 5, 7, 11 et 13, avec ou sans répétition. — Rép. 126 et 15.

416. PROGRESSIONS. Les *Progressions*, en général, sont des suites de nombres qui vont en *croissant* ou en *décroissant* suivant une même loi, par exemple suivant une même *différence* ou un même *quotient*; c'est là ce qu'on appelle la *Raison* de la Progression.

Dans la suite naturelle des nombres entiers

1	2	3	4	5		ou	13	14	15	16

ou 23   22   21   20   19..... il y a Progression par différence constante, et 1 est la Raison. Dans la Progression

3	5	7	9		ou	16	14	12	10.......,

la raison est constamment 2.

417. Lorsque les nombres croissent ou décroissent par quotient, ils forment une Progression par quotient :

Ex.   3   6   12   24 . . . . ., etc.,

et   36   18   9   4 1/2 . . . . . . ; la Raison est 2, puisque chaque terme est 2 fois plus ou moins grand que le précédent.

(Je ne considérerai pas les Progressions par quotient).

418. Dans les Progressions par différence croissante, *chaque terme* égale le précédent plus la raison; le 3e = le 2e + la raison; le 4e = le 3e + la raison, etc., ainsi de suite. Donc le 15e terme, par exemple, = le 1er + 14 fois la raison ; et, en général, un terme est égal au 1er plus autant de fois la raison qu'il y a de termes avant lui.

419. Dans la Progression   3   5   7   9 . . . . ., le 865e terme = le 1er 3 + 864 fois la raison 2 = 1731. De même, le 100000e nombre pair, à partir de 53, est 54 + 2 . 99999 = 54 + 199998 = 200052.

420. Dans une Progression par différence, la *somme des extrêmes*, ou du 1er et du dernier terme = le 2e + l'avant-dernier, et ainsi de suite, = toujours la somme des termes moyens également éloignés des extrêmes. Ex. Soit la Progression   3   5   7   9   11   13   15   17   19 on a 3 + 19 = 5 + 17 = 7 + 15 = ..., etc.

421. La *Somme de tous les termes* est égale à la demi-somme des extrêmes multipliée par le nombre des termes. Ainsi, dans la Progression précédente   3   5   7   9 . . . . . la Somme des 7 premiers termes

S = (3 + 15) : 2 et × 7 = 18 : 2 et × 7 = 9 . 7 = 63.

De même, on trouverait que la somme des 100000 premiers nombres impairs, à partir de 16, est S = (17 + le dernier) : 2 × 100000 = (17 + 200015) : 2 et × 100000 = 10 billions 16 cent mille.

422. La somme des nombres naturels 1, 2, 3 . . . . ., est toujours égale à la moitié du dernier multiplié par le nombre qui suivrait immédiatement. Ainsi, la somme des 24 premiers nombres naturels égale la 1/2 de 24 . 25 = 12 . 25 = 300. De même, la somme des 1983 premiers nombres naturels égale la 1/2 du 1983 . 1984 = 1967136.

423. PROBLÈME. Un monceau de sable est à 15 mètres de distance du premier arbre d'une allée qui en contient 185 en ligne droite, et à 1 mètre 1/2 les uns des autres. On ira prendre au tas une brouettée de sable pour la mettre au pied du premier arbre, et on retournera au tas: puis, on fera la même chose pour chaque arbre; alors, combien parcourra-t-on de mètres pour sabler les arbres de toute l'allée, et combien de temps faudra-t-il en faisant 36 hectom. à l'heure ? — Rép. 57195m et 15h 53'.

Ensuite, que deviendraient les résultats, si chaque voyage devait servir à 3 arbres? — Rép. 19251m et 5h 20'.

CINQUANTE-UNIÈME CONFÉRENCE.

MESURES GÉOMÉTRIQUES.

424. Mes enfants, pour vous apprendre un peu de Géométrie pratique, voici quelques-unes des principales mesures géométriques pour le métrage des surfaces et des volumes.

La *surface d'un carré* et d'un rectangle, en général, a pour mesure le produit de sa base par sa hauteur, ou de sa longueur par sa largeur. (Même chose pour un parallélogramme.)

Ex. Un Rectangle de 8^m sur $3^m = 8 . 3 = 24$ mètres carrés, comme on le verrait dans une table de multiplication, en cherchant le produit de 8 par 3, ou de 3 par 8; on trouve 24.

425. Un *Triangle* a pour mesure le produit de sa base par la 1/2 de sa hauteur, c'est-à-dire par la distance de son sommet à la base. Ex. Un triangle de 5^m de base sur 6^m de hauteur $= 5 \times 6 : 2 = 5 . 3 = 15$ mètres carrés.

426. Un *Trapèze* a pour mesure le produit de sa hauteur par la demi-somme de ses deux bases parallèles, ou par sa base moyenne. — Ex. Soit 8^m la hauteur d'un trapèze, dont les bases sont 25^m et 14^m, sa surface aura pour mesure $8 \times$ la 1/2 de $25 + 14 = 8 \times 1/2$ de $39 = 156^m$ car.

427. Un *Polygone* peut toujours se partager en plusieurs triangles qu'on mesure séparément; c'est à cela que se réduit l'arpentage, quand on a mesuré sur le terrain les lignes principales de la figure des champs, des prés, etc.

428. Le *contour d'un cercle* a pour mesure son diamètre multiplié par le nombre 3,142, ou par 3,1415926, si l'on voulait bien plus d'exactitude. Ex. Si un cercle a 3^m de rayon, ou 6^m de diamètre, sa circonférence $= 6^m \times 3,142 = 18^m,852$.

429. La *surface d'un cercle* a pour mesure le produit de sa circonférence par la moitié de son rayon, ou bien le carré de son rayon par le nombre constant 3,142. Ex. Si un cercle a 55^m de rayon, sa surface $= 5 . 5 . 3,142 = 25 . 3,142 = 78^{m.-c.},55$. Quand on veut plus d'exactitude, au lieu de 3,142, on prend, par exemple 3,141593, ou simplement 3,1416.

430. Un *secteur de cercle* a pour mesure l'arc qui lui sert de base multiplié par la moitié du rayon. Ex. Si un arc a 6^m dans un cercle d'un rayon de 5^m, le secteur correspondant a pour mesure $6 \times 5 : 2 = 15$ mètres carrés.

431. Un *polygone régulier* a pour mesure son circuit multiplié par la moitié de la distance de son centre au milieu de ses côtés, ou par la 1/2 du rayon de son cercle inscrit.

432. Le *volume d'un corps* taillé carrément (comme un cube, comme une poutre équarrie) a pour mesure le produit de sa longueur, par sa largeur et par sa hauteur. Ex. Un bloc ayant

8^m de long, sur 3^m de large et 5^m de hauteur, a pour mesure 8 . 3 . 5 = 120 mètres-cubes.

433. Le *volume d'un prisme*, ou d'un *cylindre*, a pour mesure le produit de sa base par sa hauteur. — La *surface latérale* ou *enveloppante* a pour mesure le produit de sa hauteur par le contour de sa base, quand le corps est *droit*.

434. Une *Pyramide*, et un *cône*, a pour mesure le produit de sa base par le tiers de sa hauteur. Et la *surface enveloppante* a pour mesure le produit du contour de sa base par la moitié de sa pente ou de son *apothème*, si le corps est *régulier*.

435. La *surface d'une sphère* a pour mesure 4 fois la surface d'un de ses grands cercles, et le *volume* a pour mesure le produit de sa surface par le tiers du rayon.

Ex. Si une sphère a 3^m de rayon, ou 6^m de diamètre,

son grand cercle aura 6 . 3,142 = 18^m,852 ;

la surface de ce cercle = 18,852 × 3 = 56^{m.-carr.},556 ;

la surface de la sphère = 56^{m.-carr.},556 × 4 = 226^{m.-carr.},224,

et son volume = 226^{m.-carr.},224 × 1 = 226^{m.-cub.},224.

436. La surface d'un *fuseau* sphérique est la *moitié*, le *tiers*, le *quart*..... de toute la sphère, suivant que l'arc qui mesure sa largeur est la *moitié*, le *tiers*, le *quart*..... de la circonférence du grand cercle dont il fait partie.

437. Enfin, pour *jauger* un tonneau, ou pour en calculer la capacité, on ajoute le carré du diamètre du *fond* avec deux fois le carré du diamètre du *bouge* ; puis, on multiplie la somme par les 0,262 de la longueur intérieure de la pièce. — Les Employés de l'octroi ont une *jauge*, ou Règle graduée, pour jauger les tonneaux au premier coup d'œil ; mais ce qu'il y a de plus exact, c'est de *dépoter* les pièces, ou de les remplir avec un vase d'une capacité connue.

438. Je vous engage à repasser toutes les différentes questions que nous avons rencontrées et qui se rapportent à des mesures géométriques. Voici en outre quelques autres petits problèmes d'application d'Arithmétique à la Géométrie.

439. PROBLÈMES. I. Quelle est la hauteur d'un triangle, si sa surface contient 18^m car., et si sa base a 90^m ? — Rép. 0^m,4.

II. Trouver l'une des bases d'un trapèze, sachant que l'autre a 8^m,25 ; ensuite que la hauteur a 48 décim., et que sa surface contient 153 ares 1/2 ? — Rép. 55^m,71.

III. Évaluer le volume d'un cylindre, ayant 15 centim. de largeur à la base, et 6^m,4 de hauteur ? — Rép. 113^{décim. cub.},112.

IV. Calculer la hauteur d'un cône dont le volume a 12 mètres cubes, et la base 7/8 de m. de largeur ? — Rép. 59^m,86.

CINQUANTE-DEUXIÈME CONFÉRENCE.

CONVERSION DES MESURES.

Mes enfants, terminons notre petite Arithmétique par la conversion des *Mesures*, avec les Tables placées à la fin du livre.

440. Réduire 14 *toises* 5 *pieds* 8 *pouces* 3 *lignes* et *demie* en *mètres* et subdivisions du mètre. — Pour cela, je multiplie la valeur de la *toise royale* par 14, celle du *pied* par 5, celle du *pouce* par 8 et celle de la *ligne* par 3 1/2 ; j'ajoute ensemble tous les produits, et je trouve 29m,13523. — S'il s'agissait de la *toise métrique* et de ses subdivisions, on aurait 29m,89081.

441. Convertir des *aunes métriques* en mètres. — Pour cela, il faut multiplier par 1,2 le nombre des aunes, puisque l'aune vaut 1m,2. Cela revient alors à prendre le nombre donné et à y ajouter ses 2 dixièmes ou son 5e. Ainsi, 43 aunes font 43m et le 5e de 43m, ou 86 dixièmes, ce qui donne en tout 43m,86. — Réciproquement, pour convertir des *mètres* en aunes métriques, il faut diviser le nombre de mètres par 1,2 ; mais on peut retenir qu'il suffit d'en ôter le *sixième*, puisque le mètre vaut les 10/12 ou les 5/6 de l'aune, ou enfin vaut 1/6 de moins que l'aune. Ainsi, pour 50 aunes 1/2, on prend le 6e de 50 1/2, ce qui fait 8 et 5/12 ; alors, il reste 42m 1/12 ou 42m,09.

442. *Changer* 63m,827 *en toises, pieds, pouces....., etc.* — Pour cela, il faut diviser le nombre proposé par la valeur de la *toise* 1,94904 ; puis, le reste par la valeur du *pied* 0,32484 ; puis, le 2e reste par la valeur du *pouce* 0,02707....., *etc.* ; enfin, on réunit tous les différents quotients, et l'on trouve 14 *toises* 4 *pieds* 5 *pouces* 10 *lignes*,18. — En toises métriques, on aurait 31t 5p 7p 4l,26. — Manière analogue pour les autres mesures.

443. Enfin, pour les mesures agraires, il est bon de retenir qu'en général il s'agit de *toises métriques carrées*, quand les gens de la campagne disent qu'un champ contenait, par exemple, 800 *toises*, ou 800 *toises-carrées*, ou 800 *toises en carré*, quoique ces trois expressions soient fort différentes les unes des autres. Le nombre 800 *toises* exprime seulement une *longueur* de 800 toises ; mais 800 *toises carrées* indiquent naturellement une *surface* ayant 800 toises-carrées ; enfin 800 *toises en carré* marquent réellement la *surface d'un carré* ayant 800 toises de long sur 800 toises de large, ce qui ferait rigoureusement 800 fois 800, ou 640 000 toises-carrées.

444. Mes enfants, j'ai fini. Nous avons *calculé* et *raisonné* ensemble ; mais le cours de votre vie vous offrira mille autres occasions bien plus importantes pour *réfléchir* et *calculer* encore ; et je suis sûr que vous ne serez pas fâchés d'avoir étudié l'*Arithmétique du Père de famille.*

PRINCIPALES MESURES ANCIENNES.

LONGUEUR.

Toise royale... 6 pieds
Pied-de-Roi... 12 pouces.
Pouce........ 12 lignes.
Ligne........ 12 points.
Pas ordinaire. 2 pieds 1/2.
Brasse........ 5 pieds.
Mille........ 1000 toises.
Lieue de poste. 2000 toises.
Degré........ 25 lieues comm.
Lieue commune... 2280^t,3.
Lieue marine..... 2850^t,4.
Aune de Paris avait 3 pieds 7 pouces 10 lignes 10 points.
Perche de Paris..... 18 pieds.
Perche des eaux et for. 22 pieds.

SURFACE.

Toise-carrée.. 36 pieds-carrés.
Pied-carré... 144 pouces-car.
Aune carrée pour les draps.
Perche carrée contenant 324 ou 484 pieds-carrés.
Arpent de 100 perches carrées.

VOLUME.

Toise-cube.. 216 pieds-cubes.
Pied-cube.. 1728 pouces-cubes.

CAPACITÉ.

Setier........ 12 boisseaux.
Boisseau....... 16 litrons.
Muid......... 288 pintes.
Pinte........ 2 chopines.

POIDS.

Millier......... 1000 livres.
Quintal......... 100 livres.
Livre (poids de marc) vaut 2 marcs ou 16 onces.
Once............ 8 gros.
Gros (3 deniers)... 72 grains.

MONNAIE.

Livre-tournois. ... 20 sous.
Sou.. de 4 liards.. 12 deniers.
Pièces de 1, 2 et 6 liards.
Pièces de 6, 12, 15, 24 et 30 sous.
Ecu d'argent de 3 et de 6 livres.
Louis d'or de 24 et de 48 livres.

MESURES ANGLAISES.

Pied................ 0^m,305.
Livre troy......... 0^k,373.
Quintal (112 liv.)... 41^k,776.
Guinée d'or......... 26^f,47.
Crown d'argent..... 5^f,81.
Livre sterling (monnaie de compte)........ 25^f,21.
Mille......... 1^{km},609.
Acre......... 40^a,467.
Pint......... 0^l,568.
Dollar......... 5^f,32.
Schilling......... 1^f,16.

MESURES GRECQUES.

Coudée olympique. 0^m,463.
Amphoreus....... 14^l,700.
Livre grecque.... 446^g,062.
Talent......... 5333^f,33.
Mine......... 88^f,89.
Stade olympique.... 30^m,864.
Talent......... 20^k,909.
Once......... 27^g,870.
Drachme......... 0^f,89.
Obole......... 0^f,15.

MESURES ROMAINES.

Pied......... 0^m,296.
Arpent......... 25^a,284.
Modius......... 8^l,671.
Livre......... 324^g,128.
Denier (10 as)..... 0^f,47.
Mille......... 1^k,481.
Centurie......... 50^m,568.
Urne......... 13^l,006.
Drachme......... 3^g,384.
Sesterce......... 0^f,12.